KB254118

디스 이즈 다이어트
THIS IS DIET

유화이 지음

YANG MOON

보통 여자, 보통 다이어트

다이어트라니, 그간 나에게 메이크업 수업을 들었던 수강생이나 학생들이 가장 놀라지 않을까 싶다. 한 줄짜리 변명을 하자면, 솔직히 날씬하고 턱선도 살아나야 화장발도 더 잘 받더라. 몸집이 눈에 띄는 학생들에게는 늘 조심스럽지만 명확하게 얘기한다. 살부터 빼라고. 똑같은 얼굴에 같은 화장이어도 날씬하면 몇 배나 더 예뻐 보이는데, 미안하지만 내 눈에는 '방치'로밖에 보이지 않는다.

나도 그랬던 시절이 있었고, 심지어 인지조차 못하던 때도 있었다. 그러나 뜻밖의 계기로 다이어트를 하고, 시간이 더 흘러 다이어트에 성공했다는 인정까지 받았다. 그러고 보니 다이어트야말로 20대를 마무리하며 30대를 준비하던 시기에 가장 잘한 것이 아니었나 스스로를 칭찬하고 싶다.

다이어트는 체중조절과 건강증진을 위한 식사조절을 말한다. 즉 다이어트란 일반적으로 식이요법과 운동을 비롯해 체중조절을 위한 모든 행동을 포함한다. 이 책에서도 다이어트는 단순히 식이요법뿐 아니라 '살을 뺀다' 라는 의미로 사용되고 있다. 연예인들이 말하는 다이어트도 보통 운동과 식이요법을 총칭한다고 보면 되겠다.

그런데 몸무게를 줄이는 것이 모두가 말하는 다이어트의 전부인가? 이제 몸무게 줄이는 것쯤은 일도 아니다. 모로 가도 서울만 가면 된다고? 다이어트에서는 절대 통할 수 없다. 과정을 중요시하지 않으면 끔찍한 요요현상을 겪고 전보다 더 악화된, 인생 최악의 나를 만나게도 되니까. 몸무게가 바뀌는 것이 아니라 나란 사람이 바뀌어야 요요가 없다.

생각하면 너무나 웃음이 날 정도로 다이어트에 대해 오랜 시간, 그리고 아주 구체적으로 기도를 했다. 기도, 뭔가 거룩해서 정욕적인 다이어트 따위와는 어울리지 않아 보이지만 난 정말 심각하고도 진지했다. 그 시간들이 너무 생생해서 몇 년이 지난 지금도 문득 떠오를 때면 감사해서 어쩔 줄을 모르고…… 무사히 그 시간을 보내고 목적을 달성한 지금이 마냥 신기할 정도다.

과자중독으로 고통 받을 때, 다이어트 책을 쓰고 있는 지금의 모습을 한 장면만이라도 미리 봤다면 그렇게 힘들지는 않았을 텐데……. 음식으로, 몸무게로, 터질 것 같은 옷으로…… 때로는 슬프고 정신적으로 너무나 고통스러운 시간을 보냈다. 불안정한 내 정신상태가 가까운 사람들에게 상처를 주는 것 또한 두말할 필요가 없었다.

다이어트하는 모든 사람이 요요 없는 몸매 유지를 목적으로 하겠지만, 늘 먹는 것 앞에서 스트레스 받고 더 먹느냐 마느냐 고민하고 전전긍긍 하는 여자들 많이 봤다. 내가 감히 권하고자 하는 목표는 몸매 유지는 물론 정신까지 자유롭고 평안한 상태다.

지금, 오늘을 살면서 '요요'라는 단어가 내 머릿속에서 지워지고 없는 글자가 되어버린 것, 먹고 싶은 음식을 생각하며 그저 즐겁기만 할 수 있다는 것, 자유롭게 먹고 행복하게 먹을 수 있다는 것, 먹은 것에 전혀 후회가 없다는 것, 살찔까 봐 먹는 것에 예민해진 내가 아니라 다른 사람들이 원하는 거 뭘 먹으러 가도 즐겁게 먹을 수 있다는 것, 예쁜 옷과 가장 예뻐 보이는 사이즈 쉽게 골라 입을 수 있는 것⋯⋯. 그런 소소한 즐거움을 혼자만 느끼는 것이 아니라 더 늦기 전에 꼭 나누고 싶었다.

또한 탈모나 노화 같은 부작용이 없어야지, '살을 뺐으니까 탈모나 노화쯤이야'라고 생각하는 건 잘못된 거다. 그러한 부작용이 없는 올바른 다이어트를 100퍼센트 나의 경험을 통해 이야기해보려고 한다. 사실은 친한 친구들과 동생이 책은커녕 블로그에도 다이어트 얘기는 하지 말라고 늘 당부했다. 돈만 있으면 누구나 얼굴 고쳐서 예뻐질 수 있는 세상인데 모두가 다 쉽게 날씬해지기까지 하는 건 싫다며⋯⋯.

하지만 여자라서 더 말하고 싶지 않은 것들까지 이 책에 모두 담았다. 우리는 지금 건강과 다이어트 정보의 홍수 속에 살고 있다. 너무나 많은 정보들이 저마다 옳다고 하니까 뭘 따라해야 할지도 모를 정도다. 그 가운데 타고난 거라곤 놀라운 추진력과 행동력이 전부인 내가 다 따라해본 것들, 실천과 실패 속에 건져올린 것들을 담았다.

여자라면 누구나 원하는 ‘다이어트’와 ‘건강한 피부’!! 힘들고 돈 드니 포기하게 되는 게 현실이다. 나의 경험은 어디까지나 최소비용으로 최대효과를 보는 자본주의적 생활관리다. 최소비용으로 최대효과를 봤다고 자부하는 나지만, 이 책을 읽는 독자 모두를 다이어트 성공으로 이끌겠다는 포부나 욕심은 사실 없다.

그저 읽는 동안, 그리고 덮었다가 한참 뒤 다시 펼쳤을 때 다이어트 실패로 좌절한 순간, 그 어느 때 꺼내들어도 새롭게 시작하고 싶은 용기와 도전에 도움이 될 수 있는 책이길 희망한다. 단 한 명의 독자라도 이 책을 통해 다이어트에 성공해 나처럼 만족스러운 인생, 새로운 인생을 살게 된다면 그것만으로도 의미가 있다. 살이 쪘을 때 날씬해진 순간의 나를 넘어 그 날씬함이 오래 지속될 때의 새로운 일들, 서서히 변화되는 인생을 상상하고 맛보게 해주고 싶은 욕심 정도.

다이어트하는 동안 누구의 도움도 받지 않았다. 사소한 정보들도 스스로 알아가고, 혼자서 실패와 성공을 반복하느라 시행착오를 많이 겪은 탓인지 본격적인 다이어트를 시작한 후 요요가 왔다가, 다시 살이 빠지기까지는 2년이 걸렸다. 물론 마지막 목표체중 감량은 단 3개월 만에 끝났지만……. 그 후, 정신까지 완벽히 편안해져 음식 앞에서 완전히 새로운 내가 되기까지 1년이 더 걸렸고, 운동과 더욱 가까워지기까지 다시 1년이 걸렸다.

본인의 의지 없이 다이어트가 되는 건 아니지만, 독자들이 다이어트를 하면서 겪는 시행착오를 줄이는 데 반드시 도움이 되고 싶은 마음이다. 지난 다이어트를 돌아보며, 내가 2~3년에 걸쳐 알고 느낀 것을 조금만 일찍 누가 알려줬더라면 정말 좋았을 텐데 하는 아쉬움이 늘 있기 때문이다.

이 책에서 말하는 것을 하루 한 가지씩 기억하고 되새기면 40일 후 세상에서 최고로 건강한 다이어트를 해나가고 있는 자신을 발견하게 될 거다. 단순히 날씬한 몸매가 아니라 건강한 신체를 목표로 즐겁게 노력하는 자신을 보게 될 거다. 믿어도 좋다. 삶의 질이 달라진다. 반드시 새로운 인생을 살게 될 것이다.

기억해야 할 점은 다이어트는 독한 사람이 아니라 똑똑한 사람이 성공한다는 것이다. 똑똑한 사람이 가장 쉽고 빠르게 뺄 수 있다. 힘들고 독하지 않아도 성공하는 다이어트를 위해 우리는 머리를 써서 스스로를 부채질해야 한다. 이 책에 나와 있는 방법대로.

Contents

만년
66사이즈
탈출
준비하기

감사하는 마음으로 당신을 재부팅하라

diet

다이어트를 시작하기에 앞서 가장 먼저 구충제를 준비하는 건 아니겠지? 목표를 세우는 것보다 더 중요한 건, 필요를 확실히 인지하여 마음에 새기는 일이다. 살을 뺄지 말지가 아니라 어떤 일이 있어도 반드시 빼야만 하는 이유를 쓰고 쥐어야 한다는 거네. 남들이 아니까, 그냥 젊은 여자라면 다이어트는 당연히 하는 거니까 어설프게 했다 말았다 반복하면 몸만 더 상하고 몸매까지 망친다. 정말 안 하느니만 못하다. 할 거면 제대로 하고 아니면 말고! 지금 나에게 다이어트가 왜 필요한지부터 인식하고 받아들이는 것이 먼저다. 확실한 필요를 가지고 덤벼들어야 끝까지 갈 수 있고, 변한 나를 발견할 수 있다.

수없는 실패와 좌절로 명확했던 이유마저 희미해진 사람들도 많을 거다. 살찐 여자, 피부 안 좋은 여자로 살아오며 겪었던 정신적 피폐를 극복하고 가장 건강한 정신 상태로 돌아가기 위한 첫번째 자세는 감사다. 내가 감사했던 건, 맛있고 좋은 거 많이 먹어서 피둥피둥 살찔 수 있었던 경제력이다. 버리면 버렸지 없어서 못 먹지 않는 삶의 여유는 깊이 생각할수록 감사하다. 그렇게 살이 쪘기 때문에 한 살이라도 더 어린 나이에 음식의 질과 운동에 관심을 가질 수 있게 되어서 또 감사. 내가 건강하고 날씬했더라면 난 절대로 운동을 했을 리 없다. 어릴 때부터 좋아하던 과자, 튀김류의 음식들을 절대로 절제하려 노력했을 리 없다.

무엇을 가장 아름답고 예쁜 것이라 생각하는지 조금씩은 다르겠지만, 건강하게 늙는 것이야말로 최고의 아름다움이라 생각한다. 과거의 내 입맛대로 살았더라면 건강하게 늙는 일은 거의 불가능에 가까웠을 거다. 젊은 지금 심각성을 인지하고 변화하기 위해 노력할 수 있었던 것은 생각할 때마다 감사하고 감사하다. 여러 가지 건강문제 중에서도 가장 고질적이었던 여드름은 이루 말할 수 없는 스트레스를 안겼지만, 몸이 내게 보내는 이상징후를 받아들이는 계기가 되었다. 남들과 달리 겉으로 쉽게 드러나는 좋지 않은 건강상태도 난 너무나 감사하다. 따라서 건강한 생각, 건강한 마음가짐이 가장 중요하다. 늘 감사하며, 어린아이 같은 유순함으로 다이어트를 받아들여라.

나는 다이어트를 통해 인생이 바뀌었다고 자신 있게 말할 수 있다. 어마어마한 대식가에 운동을 혐오하던 모태 베짱이 기질의 내가 감량한 것을 보고 다이어트에 도전해 성공한 지인들은 심지어 다이어트를 통해 신분 상승을 했다고 말할 정도다. 다이어트가 도대체 어떻게?

무료하고 반복되는 일상에서 인생을 바꾸는 가장 쉽고도 빠른 방법이 다이어트다. 쉬운 얘기로 남자 잘 만나 인생역전 하려고 해도 건강해야 한다. 멋지고 완벽한 남자도 날씬한 여자를 좋아하지 않겠나? 백마 탄 왕자님을 만나 인생역전한 스토리는 아직 없지만, 신데렐라 부럽지 않을 만큼 많은 것을 얻었다.

첫번째는 역시 건강이다.

튀어나오는 옆구리 살보다도 심각했던 건강상태. 사이즈 66의 문제가 아니라 정말 죽느냐 사느냐의 문제였다. 양약이 됐건 한약이 됐건 약을 365일 달고 살았으니까. 감기 없이 환절기를 넘기는 법이 없었고, 언제나 만성피로에 시달리며 속은 매번 어디가 그렇게 꼬이는지 병원을 내 집 드나들듯 했었다. '걸어다니는 종합병원'이란 별명도 곁에 있던 오랜 친구들이 기가 막혀 붙여준 거다. 그런데 다이어트를 하면서 너무 신기하게도 건강해졌다. 이제 의사선생님도 정확히 답해주지 못하던 증상들이 다이어트하는 동안 모두 없어졌으니까. 친근했던 입원실에서 완벽히 벗어나게 된 건 더 말할 필요도 없고. 일하면서 만나는 관계자들로부터 체력 좋아졌다는 얘기를 지겹도록 듣는 경지에 도달.

비만, 특히 복부비만이 당뇨병이나 고혈압 같은 심각한 성인병의 원인이 될 수 있다는 경고는 한번쯤 들어봤을 거다. 귀에 딱지가 앉을 정도로 얘기들 하지만 남일 같은, 그러나 무시하기는 힘든 성인병은 체중만 잘 관리해도 자유로울 수 있다. 건강한 다이어트는 비만으로 인한 몸

곳곳의 통증을 해소하는 건 물론, 숙면을 돕고 만성피로까지 해소시켜 버린다. 맑은 머리로 가뿐히 일어나는 아침의 그 상쾌한 기분은 정말 겪어봐야 안다.

게다가 나는 원래 변비가 없지만, 나 따라 다이어트했던 친구의 경우 변비약과 발효유 없이도 화장실을 매일 찾을 수 있을 정도로 몸이 개선되었다. 이 책에서 말하는 한두 가지 방법을 실천하는 것만으로 개인에 따라서는 즉시 숙변이 제거되는 효과도 보게 될 것이다.

여자라서 더 그런지 몰라도 생리통이나 아토피가 개선된 친구들의 다이어트 만족도가 가장 높다. 내게 있어 정말이지 생활을 윤택하게 해준 결과 중 하나는 지긋지긋한 소화불량이 사라졌다는 것이다. 어느 한의원에 가도 늘 위가 약하다고 하는데 그만큼 잘 체했다. 물론 과식을 하긴 했지만, 좀 심하다 싶을 정도로 과식했을 때는 앓아누울 정도로 체하기도 했다. 그러다 다이어트 시작하기 1년 전부터는 단 하루도 소화제 없이 못살 정도로 뭔가 먹었다 하면 속이 아프고, 그보다 좀 낫다 싶을 때도 가시지 않는 더부룩함. 꽤 오래전 일이지만 너무 오랫동안 앓아서 그런지 아직까지 그 느낌이 생생하다.

먹고 돌아서서 다음 걸 먹어야 하는데 위가 가득 찬 느낌. 식욕이 쉽게 사라지지 않아 약으로 달래다 결국에는 먹는 것 자체가 괴로움이 되어버렸다. 그래도 식욕은 멈추지 않고 젓가락을 놓을 수 없었으니 난 조금 심각했던 게 아닌가 싶다. 지금은 음식을 먹고 소화되는 느낌이 좋고, 속이 빈 느낌이 좋고, 식탐이 아닌 배고픔을 느낀다는 게 좋고, 소화제 없이도 살 수 있다는 것이 너무 행복하다. 하지만 아직 건강문제에 100퍼센트 만족한다고 할 순 없다.

곧 있으면 서른의 고비를 넘는데 요즘은 결혼이 늦어지면서 출산도 늦어지고 있다. 결혼이 늦어지는 건 어쩔 수 없더라도 건강은 지켜야 불임으로부터 멀어질 수 있겠더라고. 결혼이 늦어지는 시대인 만큼 젊고 건강할 때 더욱 각별히 건강을 챙겨야 한다. 노산이 내 문제가 될 수도 있기 때문에 바른 식사습관과 규칙적인 운동으로 건강한 신체를 유지해야 한다는 생각을 늘 한다.

술담배, 카페인 음료 등을 일찌감치 끊어야 하는 것은 말할 것도 없고, 아기의 식성은 태아 때 형성된다는 연구결과가 있듯 아기의 좋은 식습관을 위해서는 임신 중에, 수유 중에 먹는 음식의 질을 생각해야 한다는데 난 아직 완벽히 준비된 입맛이 아니기에 지금도 여전히 과정에 있다. 더 건강하고 질 좋은 음식을 찾아헤매는 입맛이 될 때까지. 게다가 임신 중 가벼운 운동은 태아의 IQ에도 영향을 끼쳐 시석 능녁를 끠우린다는 연구까지 있으니 운동을 더 사랑할 필요가 있다.

두번째는 머리부터 발끝까지 개선된 외모다.

세월의 흐름 속에 시들어가는 얼굴이지만, 생활습관 개선을 바탕으로 한 건강한 다이어트를 통해 예뻐졌다. 건강한 다이어트는 사람을 건강하게 만들고 외모를 크게 개선시키는 가장 쉽고 현명한 방법이다.

수치로 따질 수 없는 아름답고 뛰어난 외모 얘기 대신 내가 경험한 건 무엇보다 피지분비량의 조절이다. 몸과 마음이 건강해지면서 피지분비량이 현저히 줄어들어 악지성피부에서 지성피부가 되더니 중성피부가 되어버렸다. 그 덕분에 메이크업이 더 잘 받고 더 오래 지속되는 걸 덤으로 얻었다.

나쁜 습관들이 개선되면서 오히려 극심한 피부건조증이 나아진 친구들도 있다. 그러나 그 친구들도 나의 여드름 개선을 따라올 순 없을 거다. 여드름은 원인이 매우 다양하지만 양한방 의사선생님들이 늘 말씀하시는 식습관 개선을 통한 소화불량 해결, 운동의 생활화로 몸 전체가 좋아지니 내 인생의 동반자로만 생각했던 좁쌀 여드름들이 사라져버렸다. 정체모를 뾰루지가 올라오는 일도 눈에 띄게 줄어들고, 혈색은 놀랍도록 빠른 속도로 회복되더라. 게다가 물리적 각질제거 없이도 각질탈락이 잘 되는 건강한 피부가 되어서인지 윤기도 몰라보게 좋아졌다. 다이어트를 통한 이와 같은 선물은 살찐 몸과 망가진 피부로 겪던 스트레스까지 한방에 날려버렸다.

피부만의 일이 아니다. 날씬해진 몸은 그야말로 백화점 가는 즐거움까지 안겼으니. 옷을 사다사다 돈이 없어도 즐거웠다. 마네킹이 입고 있는 거 뭐든 내가 걸쳐도 다 맞으니까. 여자로서 스스로를 가꾸고 꾸미는 재미를 꽤 늦게 알게 된 것 같다. 완전한 다이어트를 통해서 말이다. 비싼 돈 주고 비싼 것을 사 입었을 때 모양새가 살고 태가 나는 기쁨, 싼 것을 입어도 싸구려 같지 않은 스타일은 건강한 몸과 자신감에서 나오니까……. 아, 다이어트가 없었더라면.

세번째로 얻은 건 자신감이다.

자신감, 긍정의 마인드, 낙천적 성격이야 부모님으로부터 물려받은 게 아닌가 싶을 정도로 늘 넘쳤지만 그것이 대학시절을 보내면서 그리 쉽게 고갈될 줄은 몰랐다. 교복을 벗어던진 무한 외모경쟁 사회 속에서 난생처음으로 '비교' 라는 것을 하게 되더라. 처음에는 돈으로 발라버렸지만, 결국 옷걸이가 좋아야 한다는 한계가 드러났다. 학교를 떠나, 캐주얼함을 떠나 본격적인 사회생활을 할수록 그 한계는 명확해졌다.

다이어트를 통해 날씬해지고 피부가 좋아지니 순식간에 자신감은 회복되었다. 자신감 있는 행동이 원활한 사회생활, 원만한 대인관계와 업무추진력에 상당한 영향을 미치게 된다는 것을 부정할 사람은 없겠지? 사회생활의 성공은 곧 자신감에서 출발한다는 것도. 자신감, 그리고 긍정과 낙천성이 경쟁력이 되는 시대에 다이어트만한 특효약은 없다고 본다.

무엇보다 이 모든 것을 얻음으로써 노화속도까지 늦출 수 있다는 것이다. 다이어트, 지금 당장 필요하다. 성형수술로 외모를 개선할 수 있지만, 건강한 몸부터 만들고 해도 늦지 않다. 오히려 더 만족스런 결과를 얻을 수 있을 것이다! 지금 당장 시작하지 않을 수 없다. 100만 원짜리 크림 한 통보다 효과적인 건강한 신체 가꾸기, 지금 바로 시작해야 한다. 감사하며 건강한 마음으로 다이어트를 통해 필요한 것, 얻어낼 것들을 계속해서 떠올려야 한다.

이것이 다이어트의 시작이다.

02

인간적인 너무나 인간적인 롤모델 찾기
diet

다이어트를 시작해 성공이라는 목표에 도달하기까지는 먹고 움직이는 것도 중요하지만 처음의 마음가짐을 계속 유지하는 것이 정말 중요하다. 상황이 힘들어지면 바로 '포기'라거나 '대충'이라는 천적의 공격을 받기 때문이다. 초심을 잃지 않기 위해 가장 좋은 건 역시 사극이다.

그 첫번째가 롤모델을 선정하는 것이다. 다이어트를 꿈꾸는 대부분의 여자들은 핸드폰이나 PC 바탕화면 같은 곳에 육감적인 몸매의 여성 사진을 깔아놓는다. 그런데 그 여인들은 살집을 떠나 기럭지부터 자신과는 도무지 겹쳐지는 곳이 없는 매우 비현실적인 대상이다. 예를 들어 세계적 섹시스타 미란다 커 같은 경우인데, 너무나 부럽고 완벽하지만 초현실적인 롤모델은 다이어트에 도움이 안 된다. 단지 부러울 뿐이지, 그렇게 되기란 실제로 불가능하단 걸 스스로가 더 잘 안다. 뼈대의 태생부터 너무나 다르기 때문에 자극이 되지 않을 뿐 아니라 그것을 목표로 노력도 하게 되지 않는다. 정말이지 그런 사람을 롤모델로 삼은 사람치고 살 뺀 여자 못 봤다. 최대한 나와의 괴리감을 줄여 롤모델을 선정해야 한다.

굳이 호감 가는 연예인으로 하겠다면 국내스타 중에 고르는 것이 좋다. 입이 떡 벌어질 정도의 몸이 아닐지라도 같은 동양인, 한국인이거나 키라도 비슷해야 실현 가능성이 높아진다. 소녀장사에서 초슬림 몸매로 대중들에게 어필한 윤은혜 씨 같은 스타도 좋다. 키가 작은 편이라면 159센티미터의 황금비율을 자랑하는 황혜영 씨도 좋겠다.

내 경우를 공개하면 사실 초반에는 롤모델이 없었다. 롤모델 같은 건 생각도 못할 정도로 정신적인 고통을 겪으며 다이어트를 했기에. 오히려 다이어트가 반복되며 살이 빠지고 운동에 맛을 들이기 시작하면서 롤모델이 생겼다. 가까운 친구들한테도 말한 적이 없는데, 나의 롤모델은 한때 몸짱아줌마로 대한민국을 떠들썩하게 했던 정다연 씨다. 딱 봐도 그리 길지 않은 몸길이, 그리고 달라진 현재와 비교해 모두를 경악케 했던 과거 사진. 정말 이 사람이 이 사람? 나 역시 놀라지 않을 수 없었다.

내가 이 아줌마를 롤모델로 삼은 가장 큰 이유는 운동으로 다져진 몸매 때문이다. 단순히 몸무게 줄여서 날씬해진 거야 굳이 이 아줌마가 아니어도 된다. 날씬하면서 얼굴까지 훨씬 젊고 예쁜 수많은 스타들이 있기에……. 그러나 몸짱아줌마는 가벼워진 몸무게에서 만족한 것이 아니라 건강을 생각한 다이어트와 끊임없는 운동을 통해 충분한 근육의 탄력 있는 몸매로 거듭났다. 정말 근력운동을 꾸준히, 열심히 하면 저렇게 될 수 있단 말인가? 그 아줌마를 보면서 수없이 질문을 던지며 수년간 스스로를 자극해 운동의 세계로 밀어붙였다. 여자의 몸으로 지금 정도나마 '근육'이라는 것에 관심을 가지고 필요성을 느끼게 된 데는 그 아줌마의 역할이 매우 컸다고 할 수 있다. 운동이라면 끔찍하게도 싫어하던 내가 유산소운동을 넘어 근력운동에 대한 깊은 관심을 가지게 된 데도 그분의 역할이 컸다.

두번째로는 선정한 롤모델과 함께 구체적인 목표를 적는 것이다. 이건 개인차가 있을 수 있겠지만, 나의 경우 다이어트뿐 아니라 모든 삶의 목표를 일단 적고 보는 습관이 있다. 가장 가깝게 늘 갖고 다니는 핸드폰과 다이어리에 꼼꼼하게 적어두는데, 적으면서 목표를 정하고 수정을 해나가는 순간 희망과 긍정, 할 수 있다는 자신감이 가득 차는 걸 느낀다. 아직 이뤄지지 않았음에도 두려움보다는 될 것 같은 뿌듯함으로 편안해지는 마음, 그 보이지 않는 위로에 숭녹된 것 같다. 왜냐하면 이 짓을 고등학생 시절부터 지금까지 쭉 해오고 있으니까. 그리고 그렇게 적어가면서 실제로 너무 많은 것들이 이뤄져서 이제는 더 이상 멈출 수조차 없다. 다이어트할 때도 마찬가지였다. 누구한테 알리고 소문내서 마음을 다잡는 방법도 있겠지만 나는 그보다 내밀한 곳에 혼자 적음으로써 용기와 희망, 자신감을 얻었다.

큰 종이에 써서 눈에 잘 띄는 곳에 붙여두는 것도 좋겠지만, 난 늘 갖고 다니는 핸드폰과 다이어리에만 적었다. 그것에는 일종의 심리적인 것이 작용했는데, 뭔가 그 목표가 내 손안에 들어와 있고 어딜 가든 늘 함께하는 것 같은 기분이 들었기 때문인 듯싶다. 그리고 사람은 망각의 동물이라는 것을 누구보다 잘 알기에 다이어리를 펼칠 때마다 보고 읽고, 또 적어가며 수정도 하고 더더 구체적으로 추가하곤 했다.

세번째는 목표를 계속해서 구체적으로 갱신하는 것이다. 최종적 목표는 결국 라이프스타일을 완전히 바꿔 나란 사람이 변해버리는 것! 날씬한 몸매도 좋고, 근육으로 인한 탄력도 좋지만, 살찌지 않는 사람의 라이프스타일로 살아가는 내가 되는 것이 중요하다. 우리는 다이어트가 목적이 아니라 요요 없는 다이어트가 목적이기 때문. 그 과정에서는 계속해서 스스로를 체크하고 최종목표를 수정해야 한다. 그 구체적인 목표라는 건 날씬한 사람, 더 나아가 경제적으로 여유롭고 날씬한 사람에게서 찾을 수 있다. 예전에 친구가 한 말이 생각난다.

"왜 돈 많은 사람들은 피부가 다 좋을까? 게다가 강남사람이 강북사람보다 날씬하다는 조사결과가 나왔대, 나 참!!"

이런 결과에서 알 수 있는 건 그들 삶의 태도는 단순히 질병이 없는 상태의 수동적 건강에 맞춰진 것이 아니라 금주, 금연 등 생활습관의 변화나 운동을 통해 적극적으로 건강해지려는 능동적 태도가 두드러진다는 점이다. '금주, 금연, 소식, 운동'이 지켜지지 않을지라도 늘 생활 깊이 배어 있고 그렇게 해야겠다는 생각을 언제나 품고 살면서 많은 노력들을 한다는 것. 때문에 담배를 피우고 술을 마시는 건 경제력이 있고 없고에서 큰 차이를 보이지 않았지만 가장 두드러지는 차이를 보였던 건 역시 '운동의 생활화'였다. '이러면 안 되는데'를 입에 달고 술 마시고 과식할지라도 몸은 계속해서 운동을 실천하고 있다는 것이다. 머릿속에 '운동을 해야겠다'는 생각 자체가 없는 사람들과는 매우 큰 차이가 있다고 볼 수 있다. 이러한 귀족의 라이프스타일을 배워 나를 맞춰가라는 것이다.

그들은 돈을 들여 고가의 '시술'의 도움도 빌리지만 기본적인 라이프스타일부터 건강과 날씬함에 맞춰져 있다. 많은 돈을 더 많이 불리고 오래 쓰고 즐기려면 역시 가장 필요한 건 건강과 가벼운 몸이니까. 그들의 건강한 피부를 보면 '비싼 거 쓰겠지', '피부과 자주 가겠지'라는 생각부터 들 것이다. 완전히 틀린 말은 아니지만 그들은 누구보다 잘 알고 있다. 피부는 좋은 생활습관을 주식으로 먹고 화장품을 간식으로 먹어야 한다는 것. 화장품이 주가 되어 피부를 살린다는 건 절대로 불가능하다는 것!

날씬한 귀족들의 습관을 살펴보면 아침식사는 조금씩이라도 꼭 생겨 먹는다. 한 끼 식사를 완벽하게 준비해서 챙기라는 것이 아니라 뭐라도 먹어서 욕구를 달래고 허기진 배를 채우라는 것. 날씬한 사람들은 식후 간식 같은 건 절대 안 먹을 거라 생각했는데 수년간 지켜보면서 그것이 아니란 것을 깨달았다. 그들은 식사하는 동안 식후에 먹을 디저트까지 이미 먹을 생각을 하고 메인메뉴의 식사량을 줄인 다음 디저트를 가볍게 즐긴다. 심지어 식사 대신 간식류를 먹기까지. 모르는 사람이 보기에는 이것저것 다 먹는데도 살이 안 찌는 것처럼 보일 뿐이다.

처음엔 어찌 그것이 가능한지 외계인을 보는 것 같았지만 그것을 목표로 달리다보니 지금의 내가 그렇게 되었다. 덕분에 요요도 없고 먹고 싶은 건 다 먹고 다니기에 결국은 정말 닮고 싶어 적어두었던 매우 구체적인 목표를 달성해버렸다.

하루 세 끼를 일정한 시간에 규칙적으로 먹을 줄 알았지만. 누구보다 바쁘게 일하고 돈을 버는 사람들이기에 오히려 규칙이란 없었다. 다만 건강해지는 것들을 주섬주섬 집어넣어 허기를 채우고, 식사시간보다 더 칼같이 지키는 건 적당량을 먹은 후 수저를 내려놓는다는 것. 적당량에 만족할 수 있는 사람이 되는 것이 목표.

그들은 야채에 목숨 걸더라. 야채가 많이 들어간 음식부터 아주 천천히 먹어서 배를 불린다. 그것을 따라하여 습관이 되니 야채를 먹고 배가 불러서 정작 메인은 못 먹게 되더라. 이제는 많이 먹으려고 하면 힘들고 고통까지 느껴지는 상태에 와버렸다. 호텔뷔페 같은 데 가도 좋아하는 양고기나 기타 육류들보다 샐러드류를 먼저 먹는 습관. 그러나 이것은 단순히 야채로 배를 채우는 게 아니라 오랜 기간에 걸쳐 라이프스타일을 바꾸는 동안 야채를 찾아먹고 열심히 먹기 위해 노력하는 내가 되어버린 것이다.

과자 같은 경우는 자주 먹는 듯한데 먹다 말더라. 남기거나 작은 그릇에 덜어먹거나. 아니 한 봉지도 모자란데 덜 게 어딨다고? 그런데 지금의 나는 먹다 남긴다. 심지어 안 먹히기도 한다.

이렇게 라이프스타일을 통째로 바꿔야 요요가 없다. 생전 안 하던 지

역사회 봉사를 하란 것도 아니고, 그냥 살아가는 것에서 좀 더 질적으로 업그레이드된 건강을 위한 방향으로 바꾸라는 것. 결국 '돈이군……'이라는 생각에 사로잡힐지도 모르겠다. 운동과 잘 챙겨먹는 데는 어찌 보면 돈이 많이 든다. 절대적이라고 말할 수는 없지만 본인이 좀 더 비싸고 여유로운 것 속에서 의욕과 자극을 느낀다면 돈이 필요한 게 사실이다. 그러나 장기석으로 생각하면 이것이 돈을 아끼는 것, 목돈 쏟아부을 일을 막아주는 것이 될 수 있다. 단순히 비만으로 인한 양한방 치료, 약값부터 작든 크든 질환, 병이 시작되면 목돈이 들어가고 경제활동을 멈춰야 할 수도 있다. 그것으로 인한 손해는 더 말할 필요도 없다. 정말 아낄 것을 아껴야지. 돈 든다며 꼭 써야 할 것을 아끼고, 싸다하여 쓸데없는 소비를 일삼는 것만큼 어리석은 건 없다.

목표를 설정하는 데 있어 또 조심해야 할 것이 몇 가지 있다.

기억해야 할 첫번째는 목적을 너무 단순화시키시 맏고 넘고 깊게, 포괄적이어야 한다는 것이다. 아직도 '두 달 뒤 몸무게 몇 킬로그램 달성', 이런 식의 다이어트 목표를 정하는 사람이 있을까? 그렇다면 참으로 안타깝다. 그것도 물론 누구나 할 수 있는 건 아니지만 독하면 가능한 일이다. 그냥 독하게 굶기만 해도 된다. 그러나 이미 얘기했듯이 독한 다이어트를 하고자 하는 게 아니다. 똑똑하게 하기 위해 가장 중요한 것으로 구체적인 목표를 세우는 것이다.

이를 위해 현실적이고 건강에 전혀 지장 없는 시간을 두고 몸무게를 정한다. 두 달 동안 5킬로그램 감량. 그리고 무게뿐 아니라 정확히 어떤 체형이 되고픈지, 근육과 지방량을 수치화해서 목표를 잡거나 누구의 몸매를 목표로 정하거나 반드시 체형까지 선정을 하도록 한다. 그러기 위해 어떻게 무슨 운동을 얼마나 할 것인지 구체적으로 정하고, 그동안 어떤 것을 어떻게 먹으며 살을 뺄 건지까지 다 생각하라. 허기질 때 간식으로는 어떤 것들을 먹을 것인지까지. 목표 몸무게를 달성한 뒤에는 어떤 식의 라이프스타일을 향해 달려가며, 그것을 어떻게 유지할 것인지까지 고민하고 또 고민할 것이며, 몸무게와 몸매를 넘어 날씬하면서도 건강한 사람이 되는 것에 모든 것을 맞춰라.

두번째는 부위별 감량을 목표로 삼지 않을 것. 가끔 보면 뱃살빼기, 허벅지살빼기가 나오는데, 인체는 하나의 유기체다. 내가 원하는 부위만 뗐다붙였다가 되는 게 아니다. 그러한 상업적인 달콤한 말에 현혹되지 말고 전체적으로 슬림한 몸과 건강만을 생각하며 근육 손실이 없는 다이어트를 목표로 삼는다. 그렇게 해서 정상체중, 목표체중을 달성한 후 개인차와 여러 가지 신체요인에 의해 상대적으로 덜 빠지는 부위가 있다면 그런 경우에는 외과적인 기계요법을 이용하는 걸 반대하지 않는다.

운동이 정말 놀라우리만큼 체형을 잡아주지만, 결코 운동만으로 되지 않는 타고난 체형적 문제도 봤으니까. 그러나 그런 건 할 만큼 운동에 의지해보고 나서 결정해도 늦지 않다는 것! 영원히 갖고 갈 몸매는 노력과 시간을 투자한 운동이 가장 효과적이니까.

세번째는 평소대로 돌아갈 생각을 하지 말라는 것. 언제쯤 평소대로 돌아가야 하는지에 대한 질문을 많이 받는다. 다이어트 후 평소대로 돌아간다는 기대부터가 잘못되었다! 평소대로가 뭘 말하는 건지, 그게 싫어 다이어트를 했으면서 왜 다시 막 먹고 막 살던 그때 그 시절로 돌아가려는 건지. 다이어트는 일시적으로 음식을 바꾸고 잠깐 먹는 양을 줄여서 살을 빼는 게 아니다. 그런 생각 자체가 잘못된 거고, 그걸 고치지 못하면 계속 같은 자리만 뱅뱅 돌게 된다. 다이어트는 잘못된 식습관, 생활습관을 바꾸고, 평소 즐기던 삶의 질을 몇 단계 높여 그 모습 그대로 쭈~욱 평생 사는 거다. 그러니까 처음부터 무리해서 양을 줄이면 안되고 평생 할 수 있는 것으로 해야 한다.

다이어트는 평생 하는 것이란 말을 들어봤을 거다. 물론 시작이 지금과 같은 몰입상태로 평생 가라는 것은 결코 아니다. 그런 식이라면 정말 힘겨워서 사람이 미치지 않을까? 다른 일도 못하겠지……. 딱 3~4개월 몰입해서 평생 여유롭고 쉽게 다이어트를 하기 위함이다. 이 시기만 잘 적응한다면 요요 없는 세상에서 신나게 먹게 될 것이다. 정말.

03

초스피드 감량의 모범답안-다이어트 메커니즘
diet

대부분의 사람들이 무리하게 다이어트를 하는 건 단기간에 보다 많은 감량을 하려는 욕심 때문인데, 다이어트로 살을 빼고, 요요가 오고, 다시 살을 빼는 과정을 반복하는 동안 나는 참 신기한 경험을 했다.

하루에 운동 3시간, 800~1000칼로리의 음식을 먹고 세 달에 10킬로그램을 감량한 후 요요현상을 맛봤다. 결국 다이어트는 잠시 접어두고, 무리한 다이어트로 상한 몸 때문에 한의원을 다니며 한약을 먹게 되었다. 블로그에서 이 얘기를 한 번 했더니 다이어트 한약 먹었다고 이해하신 분들이 계시는데, 이때 먹은 한약은 몸이 상할 대로 상하고 기력이 없어 먹은 것이다. 이미 요요 때문에 몸무게는 다이어트 이전보다 더 늘어버리고 마음은 포기상태. 약 먹어 더 찌더라도 건강을 챙기기 위해 먹었었다.

나는 병원 다니면 의사아저씨 말씀을 굉장히 잘 듣는다. 먹지 말란 거

안 먹고 치료에 열중하다보니 자연스레 밀가루를 끊게 되었다. 밀가루를 끊어보면 우리 주변에 밀가루 들어간 음식이 얼마나 많은지 정말 먹을 게 없다는 걸 알게 된다. 그래서 점심시간에는 매일 비빔밥만 먹었다.

그렇게 밀가루 전혀 안 먹고 한식 위주로 골고루 하루 1500~1800칼로리를 먹었다. 누군가에게는 적은 양일 수 있지만 절대 적은 양이 아니다! 한 끼 식사 600칼로리 기준으로 하루 세 끼 양인데, 집에서 먹는 밥이면 한 끼 400칼로리로도 포만감을 줄 수 있고 쓸데없는 음료수 따위 끊으면 충분히 가능한 수치!

무리한 다이어트 때에 비해서는 두 배를 먹은 격이지만 더 찔 것을 두려워했던 탓인지 건강을 생각해 한약을 먹으면서도 다이어트에 대한 긴장을 완전히 풀지는 않았던 것 같다. 하루 2000칼로리 이상 먹지 않고 식사량을 조절했던 것을 보면.

결국 한 달 만에 4킬로그램이 빠졌다. 다른 사람들에게는 4킬로그램 줄이는 게 우스운 일일지 몰라도 먹을 거 먹으면서 이 정도 속도로 살이 빠지는 건 상상도 못한 일이었다. 사나흘 굶어도 몸무게 변동이 없는 나였으니까.

먹는 것에 스트레스 받지 않고, 운동이라고는 하루 딱 45분 걷기 해서 한 달에 4킬로그램이 빠졌다는 사실에 큰 충격을 받은 나는 이때부터 다이어트를 다시 생각하게 되었다. 고생하며 48킬로그램까지 다이어트했던 시간과 피부관리에 쏟은 돈이 무색할 정도로 마지막 다이어트는 너

무 수월했다. 사실 어이없게 날로 먹었다는 표현이 딱 맞을 정도였다.

이러한 나의 경험과 나를 따라 다이어트에 성공한 가족, 친구들을 통해 내가 깨달은 건, 어떠한 이름과 방식의 다이어트보다, 무엇을 먹고 무슨 운동을 하느냐보다, 스트레스가 없는 상태에서 건강과 컨디션을 최상으로 유지하기 위해 먼저 힘써야 한다는 것이다. 이런 노력 없이 운동과 식이요법만으로도 살이 빠지긴 하지만, 몸과 마음이 최상의 컨디션을 유지할 때 살 빠지는 속도에서 엄청난 차이가 나더라는 것.

난 체질별, 혈액형별 다이어트 같은 건 귀담아 듣지 않는다. 물론 과거에는 뭐하나 정보 아닌 게 없었지만, 체질, 혈액형 이상으로 가장 기본적인 메커니즘을 지키고 따르면 살은 아주 쉽고 빠르게 빠지게 된다.

그렇게 다이어트 메커니즘을 의식하여 하루 운동 50분, 1500~1800칼로리의 식사를 지속적으로 한 결과 한 달에 4~5킬로그램씩 단 두 달만에 목표 몸무게 달성. 그것도 목표 이상으로! 그리고는 지금까지 예전으로 돌아가고 있지 않다.

건강에 무리 없이 오히려 득이 되면서 평생 지속할 수 있는 식생활과 생활습관을 갖추면 살은 저절로 빠지고 과거로 쉽게 돌아가지 않는다.

요요현상을 유독 고통스럽게 경험해서 그런지 목표 몸무게를 달성하고 건강한 몸 상태를 유지하면서도 1년 정도는 늘 긴장상태에 있었다. 잘못하면 다시 찔 수도 있다는 생각을 계속했던 것 같다.

요요 없이 성공적인 다이어트를 하려면 먼저 악순환의 사이클을 끊어버려야 한다. 보통 자신의 신체조건이나 체력을 고려하지 않고 무리하게 다이어트를 시작한다. 무슨 대회라도 출전하는 것처럼 장시간 운동, 과도한 식욕억제, 그에 따른 스트레스와 불규칙적인 컨디션 관리, 이렇게 하면 초반에 몸무게가 좀 줄긴 하는데 쉽게 정체되어버린다. 다이어트 중에 정체기는 흔히 오는 것이지만 그건 비만환자가 정상체중으로 돌아올 때의 얘기지 나 정도 과체중이라면 메커니즘만 조금 신경 써서 유지해도 두 달 정도는 정체 없이 쭉쭉 빠진다.

정체기는 좋지 않다. 몸무게가 더 줄지 않아 다이어트에 힘이 빠져버리면 나쁜 근성이 스물스물 올라오기 때문. 오늘만 먹고 다시 할까, 뭐 이러한 생각들이 곧 폭식으로 이어지고, 한번 터진 폭식은 주체할 수 없는 지경에 이르기도 한다. 몸무게가 순식간에 원상복귀되는 건 물론, 눈에 띄게 더 불어버린 살, 헐렁해지다 말고 더 꽉 껴버린 옷으로 인한 절망감에 다시 시작하는 다이어트는 더 독한 맘으로 무리하게 신행아세 된다. 억제하고 억제하다 보면 걷잡을 수 없는 스트레스가 엄습한다. 이것이 우리의 다이어트 백태다. 이 고리를 끊어야 한다. 크게 맘먹는 건 잘한다. 초반에 독하게 덤벼드는 건 다 잘한다.

도대체 언제까지 큰 맘 먹기만 반복할 것이냐 말이다.

진짜 빨리 빼고 싶다면 중요한 몇 가지를 기억해서 가장 우선적으로 지켜라! 절대로 부족하지도 과하지도 않은 하루 한 시간 정도의 운동, 한식 위주의 균형 잡힌 하루 세 끼 식사, 몸이 아주 가벼운 사람처럼 부지

런히 움직이는 것 즐기기(이건 늙어서까지 쭉 이어가야 할 습관이다), 그리고 충분한 수면과 휴식. 나는 빠르게 감량하는 것을 절대로 반대하지 않는다. 다만 그 빠른 것을 목표로 무리하는 것을 반대할 뿐이지. 나도 무리한 다이어트로 살을 빼봤지만, 무리하지 않고 컨디션을 최상으로 유지할 때 놀라운 속도로 살이 빠지더라는 것! 굉장히 하드하게 다이어트해도 살은 빠진다. 살을 빼는 방법은 너무나 많다. 그러나 분명한 건 무리 없이 오래 유지할 수 있고, 스트레스 없고, 건강을 전혀 해치지 않는 방법을 택해야 진정 다이어트에 성공했다 말할 수 있다.

구체적인 방법에 대해서는 뒤이어 자세히 설명할 테지만, 살찐 사람 거의 대부분이 아무래도 하늘을 찌르는 식탐을 자랑하다 보니 식사량 줄이는 걸 굉장히 힘들어 한다. "먹는 것을 포기할 수 없으니 나는 그냥 먹고 싶은 거 다 먹고 대신 운동을 남들보다 세 배 정도 하겠다." 이건 아주 위험한 생각이다. 몸이 늙고 피부도 늙는다. 운동도 적당히 해야 몸과 피부에 좋은 거지 먹고 싶은 거 다 먹고 하루 5시간 운동해보면 안다. 미친 듯 노력했는데도 2주 동안 1킬로그램도 꿈쩍 안 할 때가 있다. 겪어보면 정말 놀랍도록 신경질난다. 기가 막힐 정도로 살 빠지는 속도가 더디다. 또 하나 모든 다이어트의 기본은 '순리'를 거스르면 안 된다는 점이다. 사람은 먹어야 사는데, 오랜 세월이 지나면서 사회적으로 문화적으로 정해진 1인분이라는 게 있다. 그 1인분을 거스르는 자는 절대 살을 뺄 수 없다! 초점을 몸무게에 두지 말고 건강한 신체와 정신에 둔다면 아주 쉽게 빨리 몸무게를 뺄 수 있다! 지금 이 순간, '정상'과 '순리'

를 약속하지 않으면 실패를 반복하거나 몸무게를 줄였다 하더라도 걷잡

을 수 없는 정신적 괴로움에 늘 음식 앞에서 눈물을 삼키게 될 거다.

　잘못된 가치관부터 전면 수정하여 다이어트에 돌입하자.

하루 한 알 챙겨먹는 멀티비타민
diet

빠르고 건강한 다이어트를 위해 우리를 도와줄 몇 가지가 있다. 다이어트 준비단계부터 성공 이후까지 쭉 이어가면 다이어트는 물론 건강하고 활기찬 생활에도 도움이 되기에 먼저 소개를 하려고 한다.

다이어트하는 사람들은 뭔가를 먹지 않고 억제하는 건 실 못하지만, 뭔가를 챙겨먹으라는 건 잘한다. 그래서 적게 먹어서 살을 빼는 것에는 약하고, 약이든 특정식품이든 뭔가 챙겨 먹어서 살 빼는 것을 쉽게 선택한다. 그런 사람들에게 가장 간단한 것이 비타민 챙겨먹기다.

잘못된 식습관과 환경오염은 활성산소가 체내에서 과잉 생산되게 만들고 그것은 내 몸을 공격하는 해로운 성분으로 남아돌게 된다. 비타민 섭취가 중요한 것은 매일 적정량의 비타민이 활성산소와 노폐물 배출에 굉장히 좋기 때문이다. 상어연골, 오메가-3, 로열젤리

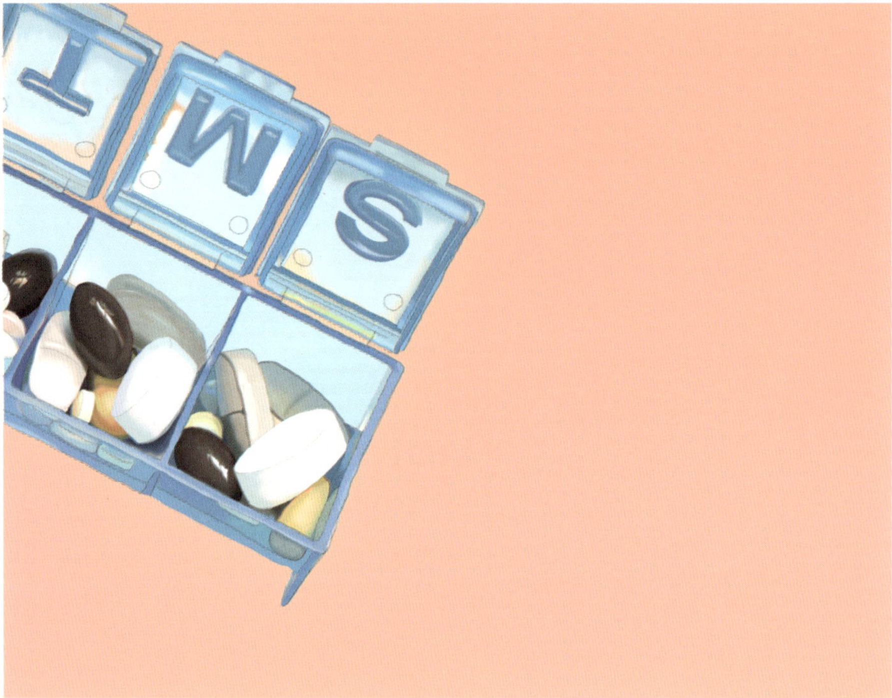

T
M
S
S

DOCTOR
RECOMMENDED
VITAMIN
Centrum
Multivitamin/Multimineral Supplement
365
TABLETS
COMPLETE
from A to
Zinc

같은 건 안 먹는 의사선생님들도 종합비타민제는 챙겨 드시더라. 이 사실을 눈으로 봐오면서도 다이어트 하기 전에는 전혀 먹지 않았다. 어릴 때 건강이 안 좋았던 탓에 약을 늘 달고 살아 지금까지도 약을 싫어하고, 약 모양으로 생긴 것들에도 거부감이 있어 비타민제 같은 건 정말 줘도 안 먹었다.

사실 비타민은 식사량이 많으면 식품을 통해서도 충분히 섭취가 가능하다. 하지만 내 경우 다이어트 전에는 그저 대식가였을 뿐이지 과일과 채소보다 육류와 밀가루음식을 좋아했기 때문에 비타민 섭취가 충분했는지는 미지수다. 그런 내가 다이어트하면서부터 안 먹던 비타민제를 비로소 챙겨먹기 시작한 것.

미네랄이 포함된 종합비타민은 먹은 음식의 영양소를 몸이 제대로 흡수하도록 돕는 효소를 만들어 신진대사를 원활하게 하고 면역력을 높여준다. 이 사실은 매우 잘 알고 있었으나 다이어트 전에는 와닿지 않았다. 그러나 다이어트를 하면서 이 정보 저 정보 닥치는 대로 읽다 보니 그제서야 신진대사가 뭔지, 그게 왜 중요하며 살이 찌거나 빠지는 데 어떤 영향을 미치는가를 알게 되었다. 그놈의 신진대사가 머릿속에서 항상 맴돌며 나의 최대 관심사가 되었는데, 몸의 세포활성과 대사활성의 바로미터라는 말을 들으니 안 먹으려야 안 먹을 수가 없더라고. 비타민이 다이어트에 직접적인 효과를 가져다주지는 않지만 간접적으로나마 살이 잘 찌지 않고 노폐물이 잘 배출되는 몸의 환경을 제공한단 말이다.

앞서 건강하고 빠른 감량을 위해서는 몸을 최적의 상태로 둬야 한다고 했다. 그런데 식사량이 줄다보면 아무래도 비타민이나 미네랄이 부족하기 마련이다. 정상에서 뭔가 부족한 것은 이미 최적의 상태와는 멀어지고 있는 것! 비타민을 챙겨서 원활한 다이어트를 유도하도록 해야 한다.

물론 비타민과 무기질이 아주 풍부한 식사를 하고 있다면 당연히 안 먹어도 된다. 다만 현대인의 식사 자체가 한국 가정식과는 점점 멀어지고 있고, 식품에서 비타민과 미네랄을 완전히 공급받기 어려운 식습관으로 빠르게 변해가고 있기에 애써 챙기라는 것일 뿐, 균형 잡힌 식단을 유지하고 있다면 비타민 따로 먹을 필요 없다.

내가 먹는 비타민제는 센트룸인데 몇 년째 이것만 먹고 있다. 특별한 이유가 있는 건 아니고 가까운 의사선생님들이 전부 이걸 드시기에 아무래도 의사가 선택한 비타민이니 신뢰가 가더라고, 하하하. 정말이지 가는 병원마다 의사선생님 책상에 센트룸이 놓여져 있으니(특히 대학병원) 그냥 여러 생각할 것 없이 단순히 '나도 저걸로 먹어야겠다' 가 되더라고. 주의할 것은 짝퉁 센트룸! 뭐 이런 것까지 짝퉁을 만드나 싶겠지만 진짜 있다고 하니 믿을 만한 곳에서 구매하길 권한다.

섭취 방법에 있어서도 약간의 주의가 필요한데, 비타민은 식후 바로 먹어야 가장 효과가 좋다고 한다. 나는 밥 먹는 도중은 물론 식사 직후에는 물도 안 마시는데 식후에 바로 먹는다는 것은 너무 힘들다. 1시간 정도 지나서 먹어야지 하다보면 잊어버리게 되더라고. 의사선생님께 흘러가는 말로 말씀드렸더니 밥 먹는 도중에 반찬으로 먹으라신다. 뭔 말인가 싶었는데 그냥 식사 도중 물 두어 모금과 함께 삼켜버리라네. 습관이 되니 오히려 안 까먹고 잘 먹게 된다.

뭐가 좋다고 하면 욕심내서 여러 알씩 먹는 사람들이 있는데, 센트룸은 그냥 하루 한 알이면 된다. 꾸준히 계속 먹는 것이 좋고 환절기일수록 더욱 신경 써서 챙기면 감기 구경 안 하고 무사히 보낼 수 있다.

05

제때 잘 자야 하는 다이어트 숙면

diet

젊은 나이에 과로와 수면부족으로 쓰러지는 사람들이 늘어나고 있다. 몇 해 전 한 다리 건너 아는 분이 30대 중반에 과로사한 일이 있었다. 그 후 겨우로 수면과 휴식에 대해 많은 생각을 했지만, 적절한 수면은 지금까지 내가 가장 못 지키는 것 중 하나다. 누구보다 잠을 좋아하고, 누구보다 많이 오래 잘 수 있지만 늘 하고 싶은 게 많고 성취하고 싶은 게 더 많아지다 보니 결국 잠을 줄일 수밖에 없는 한 여성의 현실.

어떻게 요즘 같은 세상에 일찍 잠들 수가 있는가. 12시에는 잠자리에 들려고 노력하지만 잘 안 된다. 10시에 자고 일찍 일어나서 일을 하면 되는데 꼭 밤늦게까지 일하고 아침에 늦게 일어나게 되더라고. 새벽기도를 열심히 나갈 때는 늦어도 밤 11시에는 잠들어서 새벽 4시면 일어났는데, 흐름이 끊기는 순간 매일 해오던 일도 너무 힘든 게 되어버리더라.

잠자는 것 좋아하는 내가 잠을 거의 안 잘 때는 아무래도 좋아하고 재미있는 뭔가를 하는 경우가 대부분이다. 천성이 베짱이 한량인 나는 일 때문에 수면부족 상태에 이르는 것을 못 참는다. 이런 식의 억지로 참는 잠은 무조건 해가 되며 그 스트레스가 질병을 부를 수도 있다는, 굳이 깊이 생각하지 않아도 당연하게 느껴지는 연구 결과도 있다. 일반적으로 6~8시간은 잠을 자라고들 한다. 그러나 전문가들의 공통적인 견해 중 하나는 개인차가 크다는 것. 6시간 자고도 다음날 생활에 지장이 없으면 크게 문제되지 않지만, 7시간을 자고도 졸려서 못 견디면 수면시간을 조금 더 늘리거나 수면의 질에 신경을 써야 한다. 과거에는 잠 안 자고 일해서 성공하는 것을 상당히 멋지고 아름다운 일로 여겼으나 요즘에는 그런 무식한 방법을 장려하는 전문가들은 없다. 오히려 휴식의 중요성이 대두되는 시대를 살고 있지. 매일같이 새벽 4시에 일어나는 기업가들도 그 시간에 일어나기 위해 가급적(비지니스상 절대 매일일 수는 없고) 밤 10시에는 잠자리에 들려고 노력한다는 얘기를 들었다. 그런데 우리는 무슨 배짱으로 잠을 자지 않는가, 그리고 잠을 우습게 여기는가.

건강상의 문제로 수면과 숙면이 중요하단 얘기를 하려는 게 아니다. 내가 그랬듯, 규칙적인 수면과 숙면이 다이어트에 도움이 될 거라고 생각하는 사람은 드물기 때문에 잠 얘기를 꺼낼 수밖에 없었다. 충분한 잠을 자고 나면 몸 상태가 좋아진 것을 느끼게 되는데 그 이유는 잠을 자는 동안 체내의 노화된 세포가 새로운 세포로 바뀌기 때문이다. 우리가 잠을 자는 동안 노화된 세포는 끊임없이 새로운 세포로 교체되어 60일 정도 되면 대부분의 세포가 교체된다. 하루에 약 1조 개의 세포가 새로운 세포로 교체되는데 이것을 신진대사라고 한다.

세포로 이루어진 모든 생명체는 신진대사 없이 생명을 유지할 수 없을 뿐 아니라 신진대사가 원활하지 않으면 신체 기능에 이상이 생기고 그로 인해 흔히 만병의 근원이라 일컫는 독소가 처리되지 않아 우리 몸에 그대로 쌓이게 된다. 이것은 체내 독소를 제거하는 주요 기관인 간에 치명적 손상을 입히게 되고, 부실한 간은 제 역할을 다하지 못해 결국 악순환이 반복된다.

실제 간질환 환자들의 대부분은 밤샘과 과로에 찌든 생활을 하고 있다고 한다. 수면도 부족한데 스트레스까지 더해질 테니 간이 남아나지 않을 수밖에. 밤 9시부터 아침 7시까지는 우리 몸이 해독을 하는 시간이다. 즉 오후 9~11시에는 잠자리에 드는 것이 좋다. 그래야 11시부터 새벽 5시에는 수면상태를 유지하여 해독을 돕고, 간 기능이 가장 왕성해지는 새벽 1~3시에는 깊은 잠에 빠질 수 있기 때문. 이 시간에는 완전한 숙면상태에 있어야 혈액이 간으로 흘러들어가 간이 보호되고 몸이 충분히 쉴 수 있다.

수면과 숙면을 위해서는 저녁을 늦게 먹지 않도록 해야 한다. 오후 9~11시에는 뭔가를 섭취할 것이 아니라 생식·내분비·신경계통을 쉬게 하여 몸의 리듬이 원활하도록 도와주면 다이어트 속도에 탄력을 붙일 수 있다.

신진대사 장애는 건강과 다이어트의 최대 훼방꾼일 수밖에 없다. 게다가 단 하루만 잠이 부족해도 신진대사가 깨져버리니 건강은 둘째치고 수면-신진대사-간-다이어트는 떼려야 뗄 수 없는 사이. 잠이 부족하면 단순히 피곤에서 끝나는 것이 아니라 신체의 에너지 소비활동이 줄어든다. 칼로리 연소가 방해되면 체중이 증가하고 스트레스까지 높아져 성인병의 위험까지 불러일으킨다.

질병 없는 건강한 삶을 위해서만이 아니라 다이어트와 건강 사이의 메커니즘을 이해하여 쉽고 빠른 다이어트를 위해서라도 더욱 수면에 신경쓰라는 것이다. 초살인적인 식단에 2~3시간 이상의 운동을 병행했을 때보다, 건강하게 잘 자고 잘 챙겨먹음으로써 좋은 컨디션을 유지했을 때, 비록 식사량은 더 많고 하루 1시간 정도의 운동일 뿐이었지만, 정말 살이 급속도로 빠지는구나라는 생각이 들 정도로 감량속도에서 차이가 났다. 잠을 안 자거나 아무 때나 자면서 하루 3시간 걷는 것보다, 제시간에 제대로 자고 좋은 컨디션을 항상 유지하면 하루 1시간만 걸어도 살 빠지는 속도가 틀리다는 거다.

수면 부족으로 스트레스를 받으면 식욕이 폭주하는 것도 나만 경험한 일은 아닐 것 같다. 참 이상한 게 집에서 혼자 좋아하는 거 하면서 밤새면 식욕이 안 당기는데 촬영장에서 일 때문에 억지로 밤새면 정말이지 식욕 폭등! 졸음은 쏟아지고 몸은 피곤하고, 음식CF 촬영이라도 있으면 곧바로 폭풍흡입 대기조가 된다. 매니저들이 박스로 사다 바치는 간식은 물론 밥차에서 주는 새벽간식들, 주로 튀김류나 떡볶이로 부담되는 메뉴들이긴 하나 안 먹으려야 안 먹을 수가 없다.

그래서 밤샘 작업 때는 유일하게 밥(이외에는 배부르게 먹는 일이 없거든

요, 거의)을 평소에 비해 좀 많이 차곡차곡 채워먹는다. 딱 좋다는 느낌보다는 배부르게 먹고, 중간중간 물을 많이 마셔서 간식 생각이 없도록 식사에 더욱 만족하려고 한다. 수면 부족과 피곤은 어쩔 수 없으니 최대한 스트레스를 조절하려 애쓴다. 그래서 나는 잘생긴 스타보다 일을 늘 즐겁게 하고 분위기를 잘 띄우는 유쾌한 스타들이 좋다. 하하.

그러면 잠은 어떻게 자야 할까?

충분히 자는 것도 중요하지만 다이어트를 위한 숙면을 유도하려면 무엇보다 제때 잘 자야 한다. 제시간에 제대로 된 수면! 최소 6~7시간은 잠을 자야 하는데 너무 오래 수시로 잠드는 것도 문제다. 개인차가 있겠지만 8시간 정도면 충분하다. 또한 잠자는 시간이 충분해도 잠의 질이 떨어지면 소용이 없다. 잘 자야 신진대사도 활발해진다.

적게 자고도 좋은 컨디션을 유지하고 잠의 질을 높이는 숙면을 위해서는 규칙적인 수면습관이 가장 중요하다. 최대한 노력해서 가급적 같은 시간에 자고 같은 시간에 일어나는 것. 회사일 등으로 인해 하루 4~5시간밖에 잘 수 없는 상황일수록 규칙적인 수면습관을 들이면 몸은 상쾌하고 빠르게 잠에 빠져들며 마치 숙면을 취한 듯 쉽게 일어나진다.

다이어트 숙면을 위해서는 잠자리에 드는 시간만큼 일어나는 시간도 중요한데 대장의 기운이 왕성한 오전 5~7시에 일어나는 것이 바람직하다. 이때 일어나 대변을 봐야 변비를 예방할 수 있고, 독소를 충분히 배출할 수 있다. 나는 원래 변비가 없었다. 집안 식구 모두 변비가 없는데 매일 아침 화장실을 찾고 하루 두세 번은 볼일을 본다는 남동생이 그저 신기할 뿐, 3일에 한 번 변을 보더라도 본인이 전혀 불편함이 없으면 변비가 아니란 말에 만족하며 살고 있었다. 그러다 장을 위한 생활습관들을 따라하면서 가장 먼저 일어나는 시간을 앞당겼더니 놀랍게도 아침마다 화장실을 찾는 여자가 되었다. 일정하게 유지하는 것이 중요하다. 규칙적으로 유지가 가능해지면 신진대사도 활발해져 신체의 기능이 향상되고 독소도 쌓이지 않는다.

빠르게 잠들고 숙면을 취하기 위해서는 잠자기 전에 가벼운 운동을 하는 것도 좋다. 자극적인 음료는 뇌를 흥분시켜 잠자는 데 방해가 되므로 가급적 저녁에는 커피나 콜라, 알코올 등을 피하도록 한다. 적은 빛에도 예민한 사람들은 암막커튼을 이용하고, 불빛이 전혀 없으면 오히려 잠 못 드는 사람들은 조명을 적당히 조절하도록 한다. 지나치게 밝은 조명은 신경을 자극해 잠이 들더라도 불편한 잠을 자게 만들기 때문.

베개의 높이도 중요하다. 높은 베개는 얼굴과 목의 주름을 유발하기 쉬우므로 여자들이 꺼리지만 너무 낮아도 숙면에는 좋지 않다. 심장보다 머리가 낮으면 피가 뇌로 몰려 숙면에 도움이 안 되기 때문에 머리가 심장보다는 높은 위치에 오도록 베개높이를 맞추고, 잠옷은 땀 흡수를 돕고 통풍이 잘 되는 재질에 조금 여유로운 사이즈를 골라 입는다. 잠자리에 들기 전 환기를 시켜 침실공기도 잘 관리하고, 둔한 느낌 없이 가벼운 몸으로 일어날 수 있도록 침실온도를 너무 높이지 않도록 한다.

나는 최소한 자정 이전에 잠들기 위해 나름 노력을 하고 있다. 그리고 식사는 최소한 잠자리에 들기 3시간 전에는 마치려고 한다. 식사를 하고 바로 잠자리에 누우면 체내의 장기가 음식물을 소화흡수하기 위해 일을 하기 때문에 수면에 방해를 받는 건 누구나 다 아는 얘기. 먹고 자면 늘 더 피곤한 것도 이 때문.

그리고 쉽지 않은 예능프로그램 끊기. 매일매일 이어지는 예능프로를 다 챙겨보고 눕게 되면 12시가 넘어야 겨우 잠들 수 있다. TV시청도 유익하지만 그 시간에 잠을 자고 아침부터 보다 유익한 걸 도모하기 위해 애쓰는 편이다.

사실 온가족이 머리만 갖다 대면 바로 잠드는 체질인데다 난 고3 때 이미 서서 자는 기술까지 터득한 상태라 숙면이 그리 어려운 일은 아니다. 그런데 가까이서 지켜본 연예인들의 경우, 늦은 시간 스케줄을 끝낸 뒤 남들 다 잘 시간에 운동까지 다녀와서도 잠을 못 이루며 불면증을 호소하는 일이 꽤 있다. 보통 예민한 성격의 소유자들이 그러한데, 좀 중요한 작업 후 몸이 더 피곤한 상태가 되었는데도 잠은 더 못자는 걸 보고는 안타깝기도 하고 불면증의 심각성에 대해 다시 한 번 생각해 보게 되더라. 아무래도 이동하는 자동차 안에서의 불규칙한 수면이 한몫하는 듯하다. 그들이 최대한 약에 의지하지 않고 흔히 이용하는 방법으로는 취침 30분 전 따듯하게 데운 저지방우유를 마시고 잠드는 것. 너무나도 잘 알려진 방법인데 가장 쉽고 효과적이라고 입을 모아 얘기한다.

물론 가장 효과적인 건 스스로 마음을 여유롭게 가지려고 애쓰며 스트레스 자체를 줄이고, 받은 스트레스를 풀기 위해 건전한 방법들을 찾아가는 거다.

06

몸 안의 독소, 반신욕으로 배출하기
diet

몸 안의 독소와 노폐물이 제대로 배출되지 않고 피부로 나타난다고 생각하면 아찔해진다. 나는 지금 독소가 쌓이지 않는 습관, 최대한 덜 쌓이게 하는 습관을 기르고 있다. 이렇게 쌓인 독소를 배출하는 데 초점을 맞춘 생활을 하고자 노력하는 건 모두 지긋한 피부, 여드름 때문이다.

음식조절과 운동을 통한 다이어트로 한동안 여드름에서 해방되었다. 하지만 평생 하고 싶은 일만 하고 싫으면 때려치우는 삶의 반복이었던 탓인지 남들 다하는 사회생활인데도, 스스로 사회부적응자인가 싶을 정도로 힘들어지고 수시로 큰 괴로움을 느꼈다. 뭔가 정해진 것에 맞춰 움직이고, 싫은 사람들을 억지로 만나야 하고, 하기 싫은 아쉬운 소리도 때론 해야 하고……. 그런데 바쁜 스케줄에 어느새 운동은 완전히 끊어버리고 이루 말할 수 없는 스트레스와 예민해진 정신상태가 지속되면서 완치가 없다던 그놈을 다시 만나게 된 거다.

결국 생활습관 조절로 완전히 고쳤다고 여겼던 좁쌀여드름은 아무것도 아니더라. 극심한 스트레스 속에서는 평생 본 적 없는 화농성여드름까지 고개를 내밀더라니. 일정 기간 동안의 집중적인 치료나 관리 후 여드름이 사라졌으면, 그때부터는 본인의 꾸준한 관심과 관리를 통하여 깨끗해진 피부상태를 지속적으로 유지해야 하는데, 드디어 정복했다며 축배를 들던 내게 사회적 스트레스는 생각지도 못한 복병이었다.

스트레스를 전혀 안 받는 생활을 할 순 없기에 건전한 해소법과 디톡스에 관심을 가지게 되었다. 다이어트로 시작된 디톡스 습관을 살을 뺀 지금까지도 여드름 때문에 놓지 못하고 있다. 여드름은 완치가 불가능하다지만, 노력을 통해 거의 완치에 가깝게 치료되어 새 인생을 사는 친구들이 주변에 많기에 나는 포기 없이, 그렇다고 의학의 힘을 빌리지도 않고 계속 노력하고 있는 거다.

흔히 찾는 각종 병원, 지성 여드름용 화장품 사용부터 단식, 커피관장 등 뭐 온갖 것 다해봤다. 하지만 역시 나도 인간인지라 단식 같은 건 효과적이나 고통스러웠고, 다른 효과적인 것을 찾아 이것저것 마루타 짓을 하다보니 나에게 가장 잘 맞고 쉬운 방법을 결국 찾게 되더라. 적어도 의사가 찾지 못하는 나의 원인을 내가 찾게 되더라. 물론 확실히 화장품으로는 답을 내릴 수 없다고 결론짓고.

병원이 완치를 도와주지 못한다고 결론을 내린 후 노력한 것 한 가지가 반신욕이다. 사실 지금은 강의를 하면서 여기저기 몸도 쑤시고 피로가 쌓인 듯하면 스파나 마사지를 가니 반신욕을 할 일이 별로 없다. 거의 없다고 할 정도. 그러나 다이어트를 하던 학생시절에는 스파가 웬 말이더냐. 용돈도 안주는 부모님 밑에서 목숨을 연명해나가려면 알바로 버는 돈은 먹고 마시는 데 쓰기 바빴다.

어느 날 반신욕 일주일 만에 여드름이 사라졌다는 절친의 얘기에 반신욕을 하기 시작했다. 기대에 가득 차 일주일을 했지만 별 변화 없더라고. 그런데 참고 버틴 보름이 되자 좁쌀여드름이 줄어드는 것이 눈에 확띄었다. 디톡스라며 이름 붙여진 화장품이나 무슨무슨 성분이 독소를 빼준다고 하는 것들을 써봐서 알지 않나. 별 효과가 없다는 거. 반신욕이야말로 노폐물과 독소를 제거하는 가장 쉬운 방법이다. 드라마틱한 효과를 기대하기보다 과거의 식습관으로 인해 더럽혀진 몸을 정화하는 의미로, 과거의 습관을 버리고 새롭게 시작하는 의미로 시도하기에 이주 좋다.

내 경험으로 반신욕을 하는 초반 열흘은 오히려 몸이 더 무거운 느낌이들더라. 그러나 시간이 지날수록 피부도 좋아지고 몸이 가벼워지고, 무엇보다 차가웠던 손이 따뜻해졌다. 정말 메이크업 아티스트 일을 할 수 있을까 싶을 정도로 손이 찼는데, 이제는 지인들이 "너 손이 왜 이렇게 뜨겁냐?" 말할 정도다. 사실 노폐물이나 독소가 빠지는 걸 눈으로 확인할 수가 없다보니 미심쩍은 생각이 들 때도 있었다. 그러나 반신욕으로 변해가는 몸을 보면서 '아 정말 노폐물이 빠지고 있구나' 라는 생각이 드니까 오히려 탁한 음식은 더 쉽게 절제되고 라이프스타일을 바꿔가는 데도 큰 도움이 되었다. 욕실이 없으면 욕실 있는 친구집에 신세라도 져라. 비싼 화장품보다 낫다.

| 반신욕을 하는 데 주의할 사항 |

38~40도의 물 온도를 유지하라 ——— 이 이하는 효과가 거의 없고 이 이상은 부작용이 나타날 수 있다고 한다. 그런데 반신욕 해보면 알겠지만 이 온도가 그리 뜨거운 정도가 아니다. 나처럼 좋지 않은 걸 알면서도 할머니처럼 뭔가 뜨거운 물에 지지는 걸 좋아하는 사람들은 미지근하다고 느낄 수도. 아무 생각 없이 내가 원하는 물 온도를 맞춰놓고 온도계로 재보면 45도가 넘어버리는 걸 종종 경험했다. 주의하여 40도를 넘지 않도록 해야 한다. 온도계로 정확히 재면 더 좋겠지만 이 온도는 손을 넣었을 때 뜨겁지 않고 따뜻한 느낌이 드는 정도다. 이 온도여야만 혈액의 상하순환을 도울 수 있다.

물높이는 명치와 배꼽 사이에 오도록 하라 ——— 반신욕과 전신욕을 구분 못하는 사람들이 있는데, 말 그대로 반만 담그는 거다. 초보자의 경우 명치에 가까운 정도까지 몸을 담그면 되는데, 반신욕에 익숙해질수록 배꼽 쪽으로 점점 물의 높이를 낮게 유지한다. 숙련자는 적은 양의 물에서도 반신욕 효과가 있지만 초보자는 명치까지 담가도 땀이 쉽게 안 난

다. 횟수를 거듭할수록 혈액순환이 더 잘되는 느낌을 받게 될 거다.

 반신욕을 시도하는 사람들이 가장 많이 저지르는 실수. 나도 그랬다. 물을 명치까지 오게 해놓고 두 팔을 고이 담가 욕조에 기대고 있었다. 반신욕 도중 잠시라도 팔을 욕탕 안에 담그면 팔의 혈관이 늘어나면서 아래에서 위로 흐르는 혈액이 일시적으로 저류하는 역작용이 생긴다. 즉 원활한 혈액순환에 방해가 되는 거다. 이렇게 되면 반신욕의 의미가 없다. 반드시 두 팔은 빼고 반신욕을 하도록 한다.

 온도가 낮으면 감기 걸리기 쉽고, 너무 온도가 높으면 반신욕을 하는 동안 버티기가 힘들고 혈액순환에 방해가 된다. 물을 받을 때 따뜻한 수증기가 발생하게 하여 문을 닫고 온도를 유지하는 것도 좋고, 욕실 내 스팀이 설치되어 있다면 잠깐 틀었다가 꺼두면 된다.

집에 욕조가 없어 동네 목욕탕을 찾는 사람들도 있는데 그런 곳은 간혹 욕탕 내 물의 온도뿐 아니라 공기 중 온도도 매우 높은 경우가 있으므로 벽에 설치된 온도계를 보고 확인을 한 후 이용하는 것이 좋다. 일반적으로 동네 목욕탕은 청소를 싹 끝내고 새로 시작할 때의 온도가 반신욕에 최적이다.

 욕조 덮개가 있으면 반신욕이 훨씬 수월해진

다. 욕실에 TV가 설치되어 있지 않다면 반신욕이 정말 지루할 수밖에 없는데 욕조 덮개를 활용하면 책도 읽고 노트북도 쓸 수 있어서 시간이 금방 지나간다.

반신욕 전 샴푸와 목욕을 하라 ── 반신욕을 하면 머리끝과 이마에서 땀이 흐르기 시작해 점차 가슴과 등으로 확산된다. 하체 열기가 상체로 충분히 전달됨으로써 혈액순환이 성공적으로 이루어지고 있다는 것을 의미한다. 이것을 눈으로 확인하기 위해 항상 반신욕 전에 목욕을 하고 얼굴과 앞가슴, 등의 물기를 타월로 닦는다. 그 상태로 욕조에 들어가면 물기 없던 얼굴과 가슴, 등에서 땀이 맺히는 걸 눈으로 확인할 수 있다. 샴푸도 미지근한 물로 미리 하는데, 샴푸 후 헤어트리트먼트를 모발에 발라 젖은 타월을 쓰고 반신욕하는 동안 헤어팩을 하기도 한다.

입욕제를 사용하라 ── 취향에 맞는 입욕제를 사용하면 반신욕하는 시간이 더욱 즐거워진다.

샤워로 마무리하라 ── 반신욕이 끝난 후에는 미지근하거나 약간 시원하다 싶은 온도의 물로 땀을 씻어낸다. 하체보다는 상체 위주로 샤워하여 땀을 씻어낸다.

양말이나 슬리퍼로 하체의 열기를 보존하라 ── 반신욕 후에는 온몸에 보습제를 발라 충분히 마사지하는 것이 피부와 혈액순환에 좋다. 발에는 양말을 신어 하체의 열기를 빨리 빼앗기지 않도록 지킨다.

 일주일에 2~3회 20~30분 사이가 적당하며 식사 전후, 운동 후 30분 안에는 반신욕을 하지 않도록 한다.

사우나와 반신욕은 다르다. 사우나는 고온으로 인해 안면부에 혈액이 몰려 여드름을 악화시킬 확률이 높지만, 반신욕은 상체에 몰린 혈액을 내장 쪽으로 순환할 수 있게 해주기 때문에 전신 혈액순환은 물론 피부미용에도 좋다. 그러나 반신욕을 추천하는 양방 의사선생님들도 체질에 따라서는 상체와 얼굴 쪽으로 열이 올라 여드름의 악화요인으로 작용할 수 있다고 하니 반신욕 후 여드름이 더 심해졌다면 즉각 중단하는 것이 좋겠다. 또한 아토피 치료 중인 경우에는 의사선생님과 상의 후 결정하도록 한다.

반신욕 전용 욕조는 저렴한 가격에 구매가 가능하나. 그렇지만 구입 후 안 쓰게 되는 경우도 있으니 신중히 고민하여 구입하고, 사용을 안 할 거라면 깨끗한 상태에서 중고사이트에 곧바로 되파는 게 낫다.

족욕도 효과적인데, 난 족욕은 아무리 해도 땀이 나지 않는 체질이었다. 그런데 반신욕에 숙련되니 족욕만으로도 많은 땀이 나더라. 족욕으로 땀이 안 나는 사람들은 반신욕을 통해 혈액순환이 원활해지도록 돕는 것이 좋다.

집에 혼자 있는 경우 매우 피곤한 상태에서는 반신욕을 하지 않는 것이 좋다. 욕실에서 잠이 들어 물이 다 식도록 잔 적도 있다. 입술이 시퍼렇게 되었더라. 언제 한번은 스팀을 틀어놓고 잠든 적도 있었다. 짧은 시간이었지만 숨 막혀 죽다 살아난 기억도 있으니 주의.

07

면역력을 높여주는 초유, 다이어트의 힘!

diet

나로 말할 것 같으면 초등학교 입학한 이후로 빵만 먹으면 체했다. 밀가루 음식 자체를 소화시키지 못할 정도로 위가 약했고, 3학년이 되면서부터는 축농증 증세가 있어 약을 달고 살았다.

어쩔 수 없이 치료를 위해 매일 먹기 시작한 방약이 그 무렵 5년, 하루 한 끼 비타민 챙겨먹듯 병원에 들락거렸다. 면역력은 또 어찌나 약한지, 환절기에 감기 없이 보내면 집안경사였다. 한번 걸린 감기는 한 달을 앓고, 밥 먹다 혀 깨물면 곧바로 입병으로 번져 헐은 채 고통당하기를 또 한 달. 어느 겨울에는 갑자기 가슴통증으로 숨을 제대로 못 쉬어서 119에 실려 병원에 갔는데, 의사선생님 말이 아직도 생생하다. "허파에 바람 들었어요, 간이 부었어요~." 2007년 초까지는 그야말로 걸어다는 종합병원이었다.

COSTAR
COLOSTRUM
and/or improve
the immune
and digestive tract.
Directions
Take 1 tablet
colostrum powder bovine 225 mg
immunoglobulins G bovine
AUST L 130858
200 chewable
tablets
Exp:

이렇게 장황하게 과거를 늘어놓는 것은 어릴 적부터 오랜 기간 겪어오던 허약체질의 불편함이 초유를 먹으면서 완전히 해결되었기 때문!!

면역력 증강에는 '인삼'이 그렇게 좋다고들 한다. 지인들 중에 인삼으로 효과 본 사람들도 많고 해서 엄마가 고등학교 다닐 때부터 인삼을 수도 없이 들이댔는데 도라지도 잘 못 먹는 내가 하루 이틀도 아니고 인삼을 장복하기란 쉬운 일이 아니라서 결국 인삼 정복에는 실패. 엄마도 이제는 포기한 눈치다. 홍삼환 같은 것도 많이 시도했는데 잠깐이지 절대로 장복을 못한다. 당장에 눈에 안 보이면 꾸준히 먹지 못하는 성질이라. 장복하면 손발 찬 게 사라진다는데도 결국 난 포기.

그랬는데 초유는 딱 한 달 먹고 매달 걸리다시피 한 감기가 끊겨서 계속 먹게 되었다. 수년 동안 건강과 다이어트 문제로 운동도 꾸준히 해왔는데, 한 달만 운동을 쉬어도 바로 감기에 걸려서 고생을 했다. 그러다 몇 해 전 엄마의 권유로 1년 치 초유를 사서 매일매일 먹었다. 그랬더니 감기 한 번 안 걸리고, 밥 먹다 혀 깨물어 심각한 구내염으로 고생하겠다 했는데 바로 아물었다. 또 과거에 완치된 축농증이지만 조금 남아 있던 비염증세조차도 못 느낄 정도로 다 사라져버렸다!

이런 경험을 가슴속에 품고 살아갈 내가 아니지. 지인들을 통해 소문을 냈더니 여기저기 극적인 경험담이 들려왔다. 평생 알레르기성 비염으로 수시로 코를 풀어 코끝이 늘 헐어 있던 동생 친구는 섭취 보름 만에 콧물이 멈추기 시작해 한 달 후부터는 휴지를 더 이상 찾지 않게 되었다며, 코를 풀지 않는 것만으로 삶의 질이 달라졌다고 좋아했다. 비염으로 고생하시던 우리 스승님은 나의 추천으로 초유를 먹은 후 주기적으로 찾던 한의원에 안 가게 되신 지 꽤 오래 되셨다.

초유가 뭔지도 모르는 사람들을 위해 여기서 잠깐! 새끼가 먹을 풍부한 면역인자와 성장촉진 인자가 들어 있는 초유는 갓 출산한 소가 생산한 우유로 출산 후 하루 이틀 안에 수집한다. 한 의학박사가 TV에 나와 초유가 비염, 아토피에 효과 있다고 말하면서 면역력 얘기를 들먹거린 탓에 바로 나의 간식이 되었다. 씹어 먹어도 되는데 탈지분유 맛이 좀 역해서 나는 물로 삼킨다. 근데 알이 커서 가끔 목구멍에 걸려 캑캑거린다. 그래서 입에 넣은 후 한 번 딱 씹어 절반으로 쪼갠 뒤 물로 삼킨다. 어린 아이들을 위해 출시된 곰돌이 모양의 초유도 먹었었는데 물로 삼키다가 곰돌이 팔로 예상되는 부위가 목에 걸려서 켁켁!!

초유는 약이 아니라 식품이다. 그런데도 어릴 때 먹은 약 때문에 비타민과 함께 거부감이 드는 정제다. 게다가 매일 일정량을 먹는 게 중요한데 비타민 챙겨먹는 것도 어려워하는 내가 이걸 매일 기억해서 챙겨먹기란 여간 어려운 게 아니더라고. 열심히 정말 열심히 먹다 더 이상 감기 구경을 할 수 없게 되자 서서히 양을 줄였다. 하루 세 알, 세 알, 세 알씩 총 아홉 알을 매일 먹다가 하루 여덟 알, 일곱 알, 여섯 알…… 하루 두 알까지 줄이다 결국에는 초유를 끊었다.

그 후로도 1년 가까이 감기에 안 걸려 참 신기했다. 초유의 덕을 보기도 했지만 그간 습관 자체가 바뀌고 몸이 건강해져서 감기가 없는 거겠지 하고 더욱 쿨하게 초유를 외면!

그러나 시간이 흘러 일이 힘들어지고 몸은 고단하고 운동도 빼먹고 그러기를 한참 반복하다보니 좋아진 게 분명하다고 확신했던 면역력이 감퇴한 것인지 구경 못하던 구내염이 발동하더라. 초유 먹는 동안에는 그 어떤 스케줄을 소화해도 구내염이 없었는데 끊은 지 오래되니 다시 구내염이 돋더라. 당연히 다시 초유를 먹기 시작. 역시 초유 먹는 동안에는 무탈하고, 다시 끊으니 두세 달 만에 구내염! 재구매를 미루는 동안 끊으면 신기하게 감기가 다시 온다.

빼먹지 않고 열심히 먹으려고 노력한다. 잠 못 자고 힘들고 면역력이 떨어질 만한 환경에 노출되는 게 일상이다보니 하루 네댓 알 정도 꾸준히 먹고 있다. 큰 욕심 없이 감기 안 걸리는 것과 구내염으로 고생 안하는 것에 감사. 얼마 전 웨이크보드 타다가 아직 더울 때가 아니라 물에서 좀 떨었는데 다음날 바로 목감기 증세를 보였다. 평소 같으면 이렇게 시작해 최소 한 달은 고생하는데 하루 만에 저절로 떨어지더라.

나이어트하는 동안에는 더더욱 면역력이 떨어지기 쉽고, 감기라도 걸리게 되면 다이어트 흐름이 깨져버린다. 건강하고 활기찬 다이어트를 위해 저하된 면역력으로 늘 골골되는 사람들에게 초유를 강력히 추천한다!

빠른
감량 비법,
제대로 알고
독하게 버리기

SELTERS
CLASSIC

01

물과 친해지기, 그리고 찬물 끊기
diet

나는 물을 싫어한다. 지금도 그리 좋아하는 편은 아니다. 마시면 확실히 다르니까, 마셔야 한다고 하니까 열심히 마시려고 하는 것일 뿐. 여전히 혀에 착착 붙는 음료들이 좋다.

다이어트를 하면서 물 마시는 훈련을 했다. 그 계기는 어디서 주워들은, 식사 중에 물을 많이 마시면 위가 늘어나 과식하게 된다는 말과 소화에 방해된다는 말, 그리고 한식의 국물요리가 과다한 나트륨 섭취를 조장한다는 말. 나트륨도 조심스러웠지만, 무엇보다 약했던 내 소화기관에 방해될까봐 식사 중에는 물을 안 마셨다. 그리고 위가 늘어난다는 말에 물을 완전히 끊어버렸다.

첨에는 밥 먹는데 목이 메어 물이 너무 마시고 싶더라. 습관이었던 것 같다. 빠른 속도의 식사와 과식. 엄청난 속도로 많은 양을 목구멍으로 집어넣다보니 막히는 건 당연한 일. 그것을 식사 중에 물이나 음료로 밀어넣는 거…… 뷔페 같은 데 가면 흔하게 볼 수 있는 장면이다. 내가 그렇게 먹고 살았다.

위가 늘어나는지 어쩐지는 모르겠다. 그런데 속도를 내 식사하고 마구 밀어넣고 물로 콸콸 넘겨버리면 확실히 어느 자리에서든 과식하는 것 같아 식사 중 물을 끊어버렸다. 지금은 식사 중에 물을 전혀 마시지 않는다. 못해도 6년은 된 것 같은데 처음엔 어려웠다. 목마르고 뭔가 음식도 너무 메마른 것 같고, 근데 오래 걸리지 않더라. 특히나 식사속도를 조절하여 천천히 먹으니까 더더욱 간단히 문제가 해결되더라. 고칠 수 있는 습관 중 가장 쉬웠던 게 아닌가 싶다. 정말 좋아하는 음식 중 하나가 갈비탕, 설렁탕이었는데, 식사 중에 물을 마시지 않게 되면서 국도 안 먹게 되었다. 그러다 보니 모든 찌개류, 특히 탕류와는 자연히 멀어지게 되더라.

밥 먹을 때 물마시면 조금만 먹어도 배가 불러서 다이어트에 좋다지만, 오히려 나는 더 소화 안 되고 더부룩해서 식전 한 시간부터 식사 중에는 절대 안 마신다. 식후 한 시간 반쯤 지나 배가 꺼져갈 때부터 마셨다. 천천히 식사하는 데 도움이 되고, 맛을 더 음미하게 되고 과식에 조심스러워지더라.

그리고 식사시간 외에는 물 마시는 데 굉장히 집중했다. 집중하지 않으면 아예 안 마시게 될 정도니. 식사 중에 물을 안 마시니 식간에 물을 집중적으로 섭취하게 되고, 그러다보니 또 간식량이 줄어들더라. 간식을 어지간한 한 끼 식사만큼 먹었었는데 물을 우선적으로 먹다보니 어느 순간 물배가 차서 아무것도 안 먹고 싶은 경지에 나란 사람도 도달하게 되더란 말이지.

다이어트에 별 뜻을 두지 않고 있는 지금까지도 물에 신경 쓰는 이유는 피부 때문이다. 여드름으로 종종 뒤집어지는 가운데서도 쩍쩍 갈라지거나 메마른 각질이 공존하지 않는 건 정말 물 때문이다. 정말 심한 피부상태에서도 맘만 먹으면 화장으로 다 커버할 수 있는 것도 피부 수분 때문이고, 비슷한 피부 상태에서도 화장했을 때의 내 피부가 더 좋아 보이는 건 오직 물 때문이다. 피부의 수분은 수분크림이 채워주는 것이 아니다. 표면의 윤기와 유수분에는 영향을 미치겠지만, 피부 속 수분은 섭취가 중요하다. 그렇지 않으면 피부 위에 얹어지는 스킨케어 제품뿐 아니라 메이크업 제품 속 수분까지 다 빨아당겨 거친 입자만 얼굴에 남긴다. 메마른 피부는 정말 제품을 바르는 도중부터 손바닥이 느낄 수 있을 정도. 특히나 다이어트를 하면 전체 식사량이 줄면서 수분 섭취량도 줄기 때문에 다이어트 초반의 거칠어진 피부에는 화장도 잘 안 먹는다. 적절한 스킨케어도 중요하지만 가장 우선적인 건 충분한 수분섭취임을 기억해야 한다. 트러블로 뒤덮여 두꺼운 화장을 하게 될지라도 두꺼워 보이지 않는 피부가 되도록 물이 도와줄 것이다.

물을 정말 안 마시던 편이어서 좋아하기 위해 굉장히 노력했다. 나름 지겨움을 없애고자 갖가지 브랜드 물을 다 사마셨다. 마치 다양한 음료

마시듯. 근데 차이가 느껴지는 물도 있지만 뭐 그 맛이 그 맛이더라. 주스에 입맛 들이면 물이 점점 더 싫어지기 때문에 무가당이라 해도 주스는 잘 안 마신다. 유난히 주스가 땡기는 날은 무조건 반 컵만 따라 마신다. 이제 이것도 습관이 되어 주스 한 컵을 다 마신 게 언제였는지 기억도 없다.

물을 많이 마셔야 한다고 하는데 똑똑한 물 마시는 방법은 많이 마시는 게 좋다지만 순수한 물이어야 할 필요는 없다. 차나 여러 음식과 음료에 든 수분을 포함해 1.5~2리터 정도 마신다고 생각하면 된다. 어느 기사에서 보니 옥주현 씨가 하루 6리터인가 마신다는데, 무슨 물에 원수진 것도 아니고 이래저래 음식 속 수분을 제하고도 순수 물만 마셔서 1.5리터면 아주 충분하다. 안 마시던 사람들은 이것도 정말 쉽지 않다.

뭐든 지나치면 좋지 않듯 물도 마찬가지다. 물을 지나치게 많이 마시면 혈액 속 나트륨을 희석시켜 오히려 신체기능을 방해할 수 있으므로 주의해야 한다. 물 마시는 시간은 자유지만 아침 공복 시에 마시는 걸 모두에게 권하고 싶다. 밤 사이 수분섭취가 전혀 이뤄지지 않아 물이 필요한 시점이기도 하고, 수면시간이 규칙적이고 일찍 일어나는 사람들의 경우 아침에 섭취한 수분이 장운동을 활발하게 해주어 쾌변 습관에도 도움이 된다.

모든 것을 무시하고 오직 1.5리터만 기억해 몰아서 마시는 사람들이 많은데 물은 하루 종일 틈틈이 자주 마시는 것이 좋다. 한꺼번에 들이켜봐야 화장실만 뻔질나게 드나들게 될 거다. 그렇게 섭취한 수분은 우리 몸 필요한 곳곳, 특히 피부에 수분을 충전시키기보다 쉽게 소변으로 배출된다고 하니 천천히 나눠마시도록 한다. 식후에 한꺼번에 많이 마시면 뱃속이 거북해지거나 역류성 식도염 등을 악화시킬 수 있으므로 식사시간이 정해졌으면 식전 한두 시간 정도까지만 수분을 섭취하는 것이 좋겠다.

탄산음료 속 수분도 수분이라고 생각하며 탄산을 즐기는 분들이 아직도 있다. 물론 탄산음료가 다이어트의 최대 적이라고 생각하며 일찍이 끊은 분들도 있다. 그러나 탄산음료만 끊은 것은 아직도 다이어트 초보라고 말하고 싶다. 다이어트 고수라면 진정 찬물 그 자체를 멀리해야 한다.

중학교 시절부터 콜라 중독이었던 내가 탄산음료를 다 끊고 피자나 치킨 먹을 때만 반 컵 정도 마시게 된 건 단순히 칼로리 채우기가 아까워서였다. 지금이야 이 정도의 식사량에도 배부르지만, 식사량을 정상으로 줄이면서는 하루 동안 많은 설 [illegible]고 생각했다. 그러자 콜라로 배 채우는 게 아깝더라. 차라리 그 정도 칼로리의 군고구마를 먹어 배를 채우자는 생각. 그런 일이 반복되니 먹어도 먹은 듯 만 듯한 음료는 쉽게 아주 쉽게 끊어지더라. 수년이 지난 지금까지도 내가 마시기 위해 편의점에서 콜라 사는 일은 일절 없다. 청량음료가 사람에게, 특히 여자에게 얼마나 안 좋은지는 굳이 내가 말하지 않아도 다들 알고 있을 걸. 골다공증 예방한답시고 뭔가를 열심히 챙겨먹으려면 일단 콜라나 사이다부터 끊고 시작해야 하지 않을까.

탄산음료 끊고 물과 차를 즐기기 시작한 지 4년, 물도 가리기 시작했다. 가까운 한의사 선생님의 아내 되시는 분이 결혼 후 물만 바꿨을 뿐인데 6개월 만에 만성변비가 사라졌다는 말을 들었기 때문. 난 변비 따위 없었지만, 뭔가 상당히 장에 도움이 된다는 느낌을 받았다. 물을 바꿨다길래 대단히 비싼 물을 사다 마셨나 했는데 그저 단순히 찬물을 마시지 않고 미지근한 물, 따뜻한 물을 마셨던 것.

그날부터 그냥 바로 따라했다. 혼자 사는 내 집이니 누가 말리겠어. 냉장고 속 물을 다 빼 상온에 두고 마시고, 정수기로 마실 때는 냉수가 아닌 '정수' 모드로, 좋아하던 차는 더욱 즐겨 마셨지. 그렇게 시간이 한 달, 두 달, 석 달 흐르다보니 장이 달라진 게 의학적 정보 없는 우리 같은 사람도 느껴질 정도. 난 정말 변비가 없지만 매일 화장실을 찾지는 않는다. 어느 의사선생님께서 사흘에 한 번 가더라도 본인이 불편을 못 느끼면 변비가 아니라는 말만 듣고 아 그런가보다, 난 변비 아니다 했었다. 불편함이 전혀 없었으니까. 그런데 그저 찬물만 끊고 일어나는 시간을 앞당겨 물 한 잔을 꿀꺽 마셨을 뿐인데…… 이 습관으로 한 달 살아보니 그때부터는 매일아침 화장실을 찾게 되더라. 오히려 바쁘게 집을 나선 날은 화장실 가고 싶어 운전하기도 힘들 정도로 규칙적인 배변습관이 뿌듯하지만 일상에 방해가 될 정도가 되어버렸으니…… 찬물만 끊었는데 말이야.

또 신기한 건 난 그냥 찬물을 안 마시려고 노력했는데, 찬물을 안 마시니 탄산음료나 주스 같은 음료와 더욱 멀어지게 되고 물이랑 차와 가까워지더라. 날이 더워지는데 아이스커피 마시는 것도 멈칫거릴 정도로 찬 음료는 멀리하게 되었다. 6월이면 벌써 빙수를 수십 번은 먹었을 텐데, 작년만큼 먹고 싶지도 않고 막상 먹어도 몇 숟갈에 질려버리는.

상온에 있는 물을 어떻게 먹나 싶었다. 목마를 때는 찬물 벌컥벌컥…… 그 기분 다들 알지 않나! 근데 평소에 물을 수시로 마시려고 하다 보니 딱히 더 목이 타는 일도 없고 그냥 그렇게 마시다보니 냉장고물이 아니라도 전혀 이상하게 느껴지지 않더라. 심지어 집에 쌓아두고 마시는 골드메달 애플주스도 냉장고가 아닌 상온에다 두고 마실 정도. 상온의 사과주스라 하면 정말 생각만 해도 토할 것 같았는데 그게 맛있어져버렸다.

다이어트 중이라면, 그렇지 않더라도 장이 약한 사람들은 정말 찬 음료 멀리하는 것이 좋다. 그 어느 때보다도 커피나 기타 음료와 가까운 시대, 소소한 모임에 절대 빠질 수 없는 음료수. 아무 생각 없이 마시다가는 의식하지 못하는 사이에 찬 음료에 과도하게 노출된다. 나빠진 장을 탓하지 말고 찬 음료를 멀리하라. 어차피 장운동까지 할 부지런쟁이들은 아니니, 지금 아주 간단한 찬 음료 멀리하기부터 시작하자. 다이어트 중 예민해진 장을 도울 것이다.

뷰티크가 준비한
가을 Event
Red Na
뷰티크가
Even
Beautyque
OPEN

02

전단지와 체중계 버리기
diet

전단지를 붙여두거나 심지어 집에 모아두는 행위는 효과적인 다이어트에 역행하는 일이다. 인터넷이 발달한 시대에 맘만 먹으면 어떤 음식이든 다 찾아서 주문할 수 있다. 굳이 냉장고나 현관에 붙여두고 식욕돋을 필요가 없다. 나중에 시켜먹을 때 유용하겠지 하니 생겨서 집으로 갖고 들어오는 사람들이 있다. 평소 식탐이 강한 경우라면 더더욱. 뭔가를 시켜먹을 때 그 유용함이란, 우리를 즐겁게까지 한다. 그러나 음식을 시켜먹는 것은 이래저래 불편할수록 좋다. 맛있는 야식 먹고 싶은데 확 땡기는 가게가 없을 때 그런 곳이 찾아지지 않는 것이 축복인 거고, 맛있는 음식을 파는 곳이 집에서 멀면 멀수록 다이어트하는 사람들에겐 축복인 거다.

다이어트로 예민해지면 사람이 변한다. 사람이 죽을 때가 되면 변한다지? 배고파서 죽을 지경이 되면 변한다. 세상에서 걷는 것이 가장 싫고, 식당에 혼자 들어가 절대 못 먹는 사람도 어떤 음식이 간절해지면 비 오는 날 우산 쓰고라도 간다. 둘째가라면 서러운 세라믹 3중코팅 철면피가 되어 혼자서도 잘 들어가 먹는다.

 지금 당장 냉장고나 현관에 붙은 배달전단지 다 버려라. 집에 절대 갖고 들어오지 마라. 특히 자취생!

우리 집엔 체중계가 없다. 한창 살 뺄 때는 수시로 몸무게를 재고 기록했지만 결코 좋지 않더라. 목표를 향해 갈 때는 초초해지고 변화 없으면 기운 빠지고, 목표달성 후에는 다시 살찔까봐 두려우니. 여러 번의 작은 요요와 한 번의 대단한 요요가 있은 후 체중계는 버렸다. 대신 몸에 맞게 전부 사이즈 체인지시켜 구입한 옷으로 변화를 살핀다. 평소 옷은 타이트하게, 슬림해 보이게 입거나 그것이 아니면 아예 크게 입는 편인데, 타이트한 옷을 입었을 때 늘 입던 옷이 살짝 끼는 것 같으면 즉각 삶의 태도를 돌아보며 반성하고 잠시 소홀했던 생활습관을 다시 이 책에 나온 대로 바로잡는다.

그저 느낌인 거다. 살이 찐 것 같지만 아닐 수도 있는…… 기쁨의 여지를 남겨둬야지 그렇지 않고 몸무게를 재버리면, 그렇게 해서 정말 몸무게가 늘었으면 순간적으로 급우울해진다. 그리고 기왕 쪘으니까 오늘까지만, 낼까지만 좀 더 먹고 몸관리하지 뭐, 이런 마인드가 되더라고. 몸무게가 정말 궁금할 때는 확실히 살이 빠진 것 같고 옷이 이상하게 헐렁하고 모두가 살 빠진 것 같다고 할 때 그때 재본다. 그럼 거의 100퍼센트 빠져 있다. 그렇게 되면 신나서 몸관리 더 하고 싶은 욕구가 생기더라.

여자와 몸무게의 관계는 정말 묘하다. 감정과 판단까지 좌우한다. 개인차가 있겠지만 내가 말하고 싶은 건 다이어트한다고 해서 항상 몸무게 재는 게 결코 바람직하지만은 않다는 것. 살을 빼던 때도, 그저 유지하고 싶은 지금도 난 옷으로 몸을 판단한다.

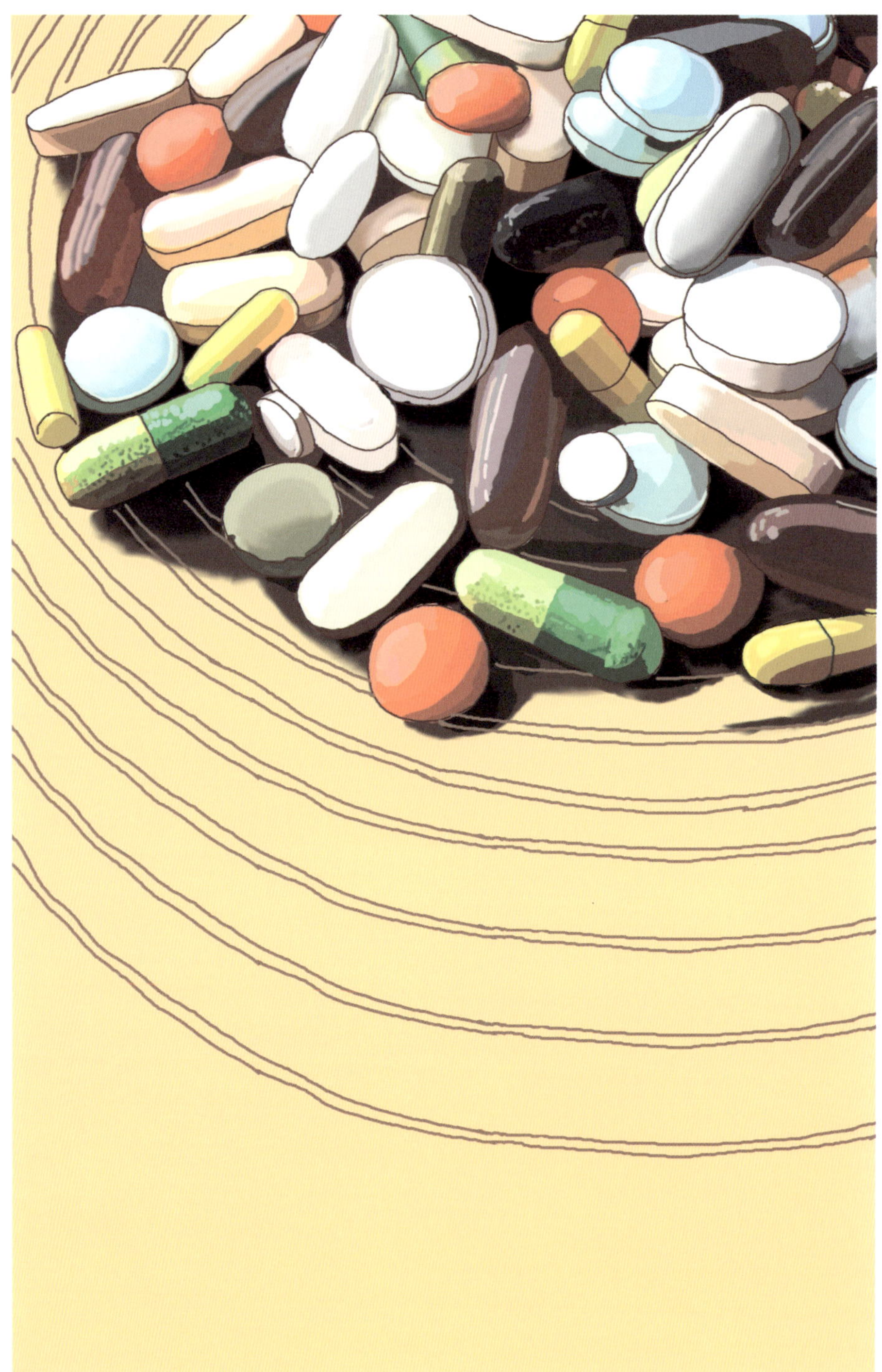

03

다이어트 약 버리기와 시술 끊기
diet

워낙 몸이 약해서 건강프로도 많이 보고 건강관련 서적도 많이 읽었다. 수년간 메모를 하며 과학적으로 검증된 것을 토대로(나도 누구보다 의심이 많은 스타일) 직접 내 몸에 실험 아닌 실험을 한 결과 건강과 아름다움은 약과 화장품으로도 답을 낼 수 없다는 것 아니는 확신하기에 절대로 다이어트 약에 의존하지 않는다.

한 번도 안 먹어본 건 아니다. 다이어트를 할 생각도 없었을 때, 친한 친구 둘이 다이어트 약 먹었더니 식욕이 감퇴하고 살 빠졌단 말 듣고 한 번 따라 먹어본 기억이 있는데 정말 어렸을 때다. 스물두 살 땐가? 내 기억으로는 난 여전히 식욕이 좋았고 몸무게도 줄지 않았던 것. 효과가 없어서라기보다는 그냥 약이 싫어서 더 먹지 않았던 것 같다. 그리고 또 시간이 흐른 후 정말 제대로 다이어트를 맘먹었을 때는 약 따위가 아닌 오직 내 힘으로 빼고 싶었다.

　평생 약 먹을 거라면, 그래도 되는 몸이라면 몰라도 다이어트를 끝 낸 후 목표달성한 몸을 줄곧 유지하려면 살찌는 습관을 바 꿔 그 습관을 평생 유지해야 한다. 그게 안 되면 약을 끊는 즉시 살이 다시 찌기 시작할 거다. 다이어트 약의 진짜 문제는 중독. 재작년 인가? 고등학교 때부터 다이어트 약을 복용해오던 30대 후반의 이름만 대면 알만한 기업의 딸이 사망하는 일이 있었다. 정확한 사인은 알 수 없으나 다이어트 약 과다복용으로 인해 신장이 녹아내렸다는 얘기가 많 았다. 다이어트 약 붐이 일기 전부터 먹어왔는데 중간에 한번 크게 신장 에 이상이 생겨 강제로 미국유학까지 보내 처방하기 힘든 환경을 만들 어놨음에도 경호원과 비서들을 시켜 약을 구해 먹은 건 우리 친구들 사 이에서는 아주 유명한 이야기였다. 그런데 결국 그렇게 돼버리니 같은 여자로서, 다이어트와 떼려야 뗄 수 없는 존재로서 마음이 좀 그렇더라. 사망한 지 몇 주도 되지 않아 가까운 사람들, 관계된 사람들한테는 다 소문났지만 언론의 입은 재빠르게 막아버렸다며 누가 그러더라고. 실제 로 중독자들의 부작용도 많이 봤다. 진짜 큰 문제는 스스로는 절대로 중 독되지 않았다고 믿고 있다는 것! 그래서 다이어트 약 복용은 절대반대 지만, 고도비만자에 대한 견해는 조금 다르다.

　일단은 너무 심각한 정도의 상태, 생활습관, 식습관을 바꿔가는 과정 초반에 일반인들은 상상할 수도 없는 그 엄청난 식욕을 제어할 수 없어 아주 잠깐 약물을 처방받는 것은 반대하지 않는다. 다만 의사와 상의하고 약 먹는 기간을 아주 짧게 잡을 것! 짧은 기간에 확실한 효과를 느낀다. 다만 그런 식으로 성공과 실패가 반복되어 다이어트 시기를 놓쳐버리면 내성이 생겨 약효는 점점 감소한단다. 그때라면 약으로는 이미 시기를 놓친 거라 개인적으로 생각한다. 이러한 경우 외에는 약물로 하는 다이어트는 무조건 반대!

한의원을 통해서도 다이어트를 한다. 실제로 한의원을 통해 살을 뺀 친구들이 주변에 몇 있다. 효과를 확실히 봤다. 뚱뚱에서 날씬이 되었지만 다시 통통이 되었고 지금은 그것을 유지하는 정도. 그것만 해도 어디야 싶지만, 들인 돈에 비해서는 글쎄다. 한의원에서 살을 뺀 사람치고 뚱뚱에서 날씬이 되어 날씬을 오래도록 유지하는 사람은 손에 꼽힌다. 한약과 침 같은 한의원 치료도 받지만 그 과정에서 본인의 잘못된 습관, 즉 한의사 선생님께서 바로잡아주는 습관을 유지하려고 노력하는 사람만이 날씬의 상태를 지속적으로 이어가더라. 아무래도 한의원에 발을 담갔던 거니 스스로 빼서 날씬이가 되었을 때보다는 그것을 유지하기가 쉽지 않겠지. 그게 아니고서는 빼긴 빼도 약간의 요요로 통통이 정도를 유지하더라는…….

한의원이 좋고 나쁘고가 아니라 어디서 누구와 함께 무엇으로 다이어트를 하더라도 결과적으로는 스스로 날씬이들의 습관으로 완벽히 바뀌어야 날씬한 상태로 오래오래 44/55를 입으며 살아갈 수 있단 거다.

이 책을 읽고 있는 지금 약물치료나 병원치료 중이었다면, 스스로의 습관개선으로 나아지고 싶고 그것을 확실히 느끼고 싶다면, 병원 치료를 끝낸 후 새롭게 시도해야 스스로의 노력으로 나아진 것을 눈으로 확인할 수 있고 스스로 믿을 수도 있다.

시술도 마찬가지다. 나는 다이어트 시술을 무조건 반대하는 사람은 아니다. 다만 내가 안 할 뿐이지. 나 역시도 시술의 유혹을 받는다. 특히 허벅지 지방을 분해한다는 주사 같은 것? 지방흡입 같은 건 겁나서 생각해본 적도 없지만 허벅지나 복부 주사는 다리가 부러질 것 같은 아이돌 스타들도 주기적으로 맞기에 욕심이 나기도 한다. 나는 하체가 튼실하니까. 살을 뺐지만 어쩐지 아직 하체에 뭔가 더 몰린 느낌?

지방은 복부-상체-하체 순으로 빠지는데 목표치까지 꾸준하게 하지 않고 중도하차해버리면 항상 하체만 빠지지 않는 것으로 느끼게 된다. 엎친 데 덮친 격으로 요요까지 와버리면서 점점 더 굵어진 하체와 완벽하게 티나는 상하불균형을 마주하게 된다. 그러면 하체는 다이어트로 안 되는구나 생각하며 무조건적인 시술에만 의존을 하게 된다.

참고로 난 코끼리다리였다. 실제로 스물두세 살 때까지만 하더라도 친한 언니들이 나의 종아리를 보고 코끼리라 하였다. 난 코끼리까지는 아니라며 적극 항의했지만 그 언니들이 뭐 김민희, 공효진 뺨치는 새다리들이어서 내가 코끼리로 보이는 게 그리 속상할 일도 아니라며 스스로 위로를.

그러나 지금은 25사이즈의 스키니한 진도 입는다. 물론 지금도 확실히 상체에 비해서는 하체가 튼실한 편인데 어쨌든 빠진다. 절대로 하체

살이 안 빠지는 건 아니다, 절대로. 난 분명 빠졌고, 아직 목표치에 도달하지 않아 계속 노력 중이긴 하지만 20대 초반에 생각도 못 했던 핫팬츠, 미니스커트를 다 입고 다니고, 과거에 입던 치마와 바지, 그리고 살을 빼는 과정에서 입던 것들은 이미 다 처분해버리고 없다.

내가 생각하는 시술의 타이밍은 본인의 꾸준한 노력으로 다이어트 성공 후 아쉬운 부분들을 살펴가며 전체 밸런스를 위한 운동까지, 스스로 할 수 있는 노력을 다한 후에 마지막에 가서 선택해도 늦지 않다! 물론 이것을 거꾸로 하여 시술 먼저, 그리고 밸런스를 위한 운동과 식이요법 순서로 가도 되나 거꾸로 가게 되면 아주 쉽게 다시 제자리로 돌아오거나 아예 빼보지도 못한 채 제자리걸음만 하게 된다는 걸 명심! 또 명심해야 한다.

금연
No Smoking

04

술담배로부터 탈출하기
diet

술을 끊은 지 횟수로 8년? 왜 술 안 마시느냐는 질문을 종종 받는다. 끊었다고 말하면 언제부터 끊었냐고 묻는다. 대답하면 놀란다. 간과 관련된 큰병 혹은 알코올 중독 같은 걸 겪어본 중년의 여성도 아니고 이제 막 서른 문턱에 접어든 여자라 그런가? 웃으면서도 가끔 되게 독한 사람으로 보는 눈길이 느껴질 때가 있다.

지금도 술 마시냐고 물어보면 안 마신다고 하고 실제로 안 마시지만, 사실은 마신다. 와인 한 잔 정도. 건강을 위해서 마시기도 하지만, 탄산 음료를 안 먹다보니 스테이크 같은 걸 먹고 난 후 도저히 입가심할 것이 없더라. 그래서 한 잔 정도를 마시는데 아주 가끔 기가 막히게 맛있는 보드카 레모네이드 한 잔 정도도 마신다. 주량이 평균 이상은 되기에 '알코올'이라는 느낌도 없고 피로회복이나 혈액순환, 음료 대신 정도로 생각하고 마시지만 술은 술이니까 안 마신다고 할 순 없겠지? 다만 여전히 먹고 마시는 술자리는 가지 않기에 절친한 친구들조차 이 글을 쓰고 있는 이 순간에도 와인 한 잔 입에 안 대는 줄 알고 있다. 8년째 말이다, 큰일이네. 친구들조차 모르는 건 오직 남자친구랑 기름진 것 먹을 때(그마저도 식당이나 술집에서는 같이 앉아 술잔 부딪혀본 일이 없다), 남자친구 부모님께서 권할 때, 그리고 스승님과 함께, 요렇게만 먹으니까.

친구들을 좋아해서 매일같이 마시는 술도 문제였지만 술 마실 때는 무서울 정도의 안주를 먹었다. 앉아 있는 친구들 기호대로 먹고 싶은 대로 다 시켜야 직성이 풀렸으니까. 게다가 기본안주로 마카로니 주는 곳은 가지도 않았다. 오직 팝콘! 보통 사이즈의 국수대접에 가득 담긴 팝콘 '여덟 그릇'을 메인안주가 나오기 전에 다 먹고 술을 시작했으니까. 나 정말이지 그렇게 먹고 살면서 60킬로그램 넘기지 않은 건 하늘에 감사해야 한다고 생각한다. 2차 3차는 기본, 돈까스와 피자로 해장하는 진기명기~~. 그렇게 먹고 마시다 늦게 집에 가면 운동하지 않잖아. 씻고 바로 잠들지. 어떻게 그러고 살았는지 신기할 뿐이다. 지금은 야식 조금만 먹어도 다음날 아침이 괴로운데 말이다.

다이어트보다는 목사님의 권유 때문에 술이 한순간 싫어지더니 다이어트를 하면서 아예 끊어버렸다. 그리고는 몸이 아파서 한약을 먹고 있다고 뻥치고 술자리를 피하기 시작하여 얼마 안 가 완전히 술을 버렸고, 이내 술친구도 다 버렸다. 내가 그들로부터 버려진 건가? 하하. 아무튼 많지 않은 나이였지만 그렇게 쉽지 않은 술과 술친구를 버리자 인생이 달라지기 시작했다. 현실적인 기준에서 객관적으로 판단했을 때 더 좋은 친구들이 모여들었고, 자꾸 그런 친구들과 어울리는 곳으로 내가 가게 되었다. 술값에 쓰던 돈이 굳으니 주머니는 갈수록 두둑해지고 그 돈을 보다 긍정적인 것에, 자기계발에 쓰게 되었다. 아주 적절한 시기인 20대 중반에 말이지……. 잃는 게 있음 얻는 게 있고, 얻는 게 있음 잃는 게 있다지만, 정말 술을 끊고 나서는 오직 좋은 것만 더더 얻은 것 같다.

 술만 먹는 것이 아니라 함께 먹는 안주가 어마어마한데 평소보다 더 많이 먹게 되는 건 물론이다. 게다가 술자리를 오전에 하지는 않잖아. 늦은 귀가는 늦은 수면으로 이어지고

술을 끊으면 사회생활에 지장이 있다고?? 누가 만들어낸 건지 모르겠지만 술로 인해 사회생활에서 아무런 불이익도 문제도 없었다. 오히려 긍정적인 이미지로 작용한 일이 더 많았다. 또, 자신의 노력과 능력 부족을 알코올 섭취 부족으로 돌리지 마라. 금주의 '불이익' 에 대한 얘기는 커가며 선배들에게 늘 들었는데, 실제 사회생활하면서 나는 물론 지인들 중에도 그것으로 인한 어려움은 들은 적이 없다.

술을 안 먹게 되면 안 먹는 것에 당당해져라. 술 안 먹는 것을 가지고 스스로 죄인인양 구는 사람들이 있다. 절대 그럴 필요가 없다. 술 잘 마시는 것을 대단한 자랑인 것처럼 여기는 남녀, 지지리도 자랑할 것 없는 사람들보다 나를 웃게 하는 사람, 기분 좋게 하는 사람, 건강한 자극을

주는 사람들을 옆에 두고 건강한 인간관계, 영양가 있는 문화생활을 누리면 삶이 한층 행복해질 것이다.

술을 끊으면 깊은 얘기를 못한다는 말 역시 이해할 수 없다. 술의 힘을 빌려야만 진솔한 얘기, 깊은 얘기를 할 수 있다는 건 맨정신으로는 그렇게 못 한다는 것 아닌가? 그 사람들이 바뀌어야 하는 게 아닌가? 나도 술 마시던 한때는 그렇게 생각한 적이 있었다. 하지만 술 없이도 맨정신으로 즐겁게 놀 수 있고, 대낮에 차 마시면서도 진솔한 얘기 못할 것 없더라. 어떤 문화에서 어떤 사람들과 어울릴 것인가는 내가 선택하는 것이다.

담배는 중학교 때 호기심 삼아 한 대 물어본 이후 피워본 적이 없어서 기호식품으로서의 장점에 대해서는 별로 할 말이 없다. 그저 백해무익이라 배워서 그리 알고 있고, 고등학교 때 금연교육방송을 학교에서 본 후 극도로 싫어져서 지금까지 아주 끔찍해하고 있는 정도.

흡연의 폐해를 내가 꼬집어 말해 뭐하랴. 다들 잘 알고 있는 것들. 남자도 마찬가지지만 여자에게 있어 치명적인 건 임신과 출산을 앞둔 몸까지 나아가기도 전에 혈색부터 나빠지고 피부 건조를 겪게 된다. 담배를 피면서 탄력크림 바르고, 화이트닝 제품 쓰는 것은 밑 빠진 독에 물 붓는 어리석음과 다를 바가 없는 일. 담배는 콜라겐과 엘라스틴 파괴의 주범이다. 자신은 피부가 타고났으니 문제없다면 할 말 없다. 그렇지 않다면 젊고 탄력 있는 피부를 위해 가장 먼저 끊어야 할 것!

금연에 성공한 친구들의 얘기를 들어보면 가장 먼저 혈색이 좋아지고 점차 시간이 지나며 피부건조가 사라진다고 하더라.

단순히 생각하라. 술담배 즐기면 몸이 건강에서 멀어진다는 것 정도는 다들 아는 것. 술담배를 해도 다이어트할 수 있다. 그러나 다이어트 메커니즘을 정복하여 건강한 몸으로 빠른 감량을 원한다면 끊는 것이 똑똑한 다이어트 비법이다! 어차피 빼야 할 살, 빠른 속도로 쉽게 빼려면 건강한 몸으로 세팅하는 것이 급선무 아니겠는가!

05

당당하게 밥 버리기
diet

천천히 먹는 습관을 몸에 완전히 새기는 법에 대해 얘기하겠지만 배 부르다는 감정을 아는 것이 가장 중요하다. 1인분이라는 적당량, 심지어 1인분에 못 미치는 양을 먹고도 배부름을 느끼는 것!

그러기 위해서는 천천히 먹어야 하고 그렇게 배부름을 느껴버리면 눈앞에 음식이 남아 있어도 더는 못 먹겠는 '살다살다 이런 날도 오는구나' 싶은 그런 상황을 맞이하게 된다. 그렇게 남은 건 어떻게 해야 하나? 우선 우리에게는 그 상황까지 가는 게 시급하지만 그리 되었을 때는 남은 음식을 과감하게 버리는 것이 중요하다!

범국민적으로 음식쓰레기 줄이기, 남은 음식 포장하기 운동을 하고 있는 상황에서 그것에 역행하자는 것이 아니다. 두당 딱 1인분만 시켜먹기, 그리고 남은 것은 포장해서 가족들을 주거나 혼자 살고 있어서 줄

가족도 없다면 안타깝지만 두고 오라. 음식쓰레기 줄이는 운동도 운동이지만, 내 몸 다이어트해서 건강해지는 것도 매우 중요한 운동이다. 그거 그대로 싸오면 밤늦은 시간 혼자 있는 집, 분명 점심식사였던 것이 야식으로 돌변한다. 자려고 눈을 감으면 천장에서 왔다갔다한다. 당연히 아깝고 낭비가 맞지만 그걸 남기지 않고 다 먹어버리면 불어난 몸매를 관리하기 위해 더 큰 낭비를 해야 된다. 아까워야, 골수에 사무치게 아까워야 적게 시키는 습관을 들이게 되고 적게 담게 된다.

그리고 그렇게 모르고 살았던 1인분에 적응해 가야 한다, 사람이 아닌 기계처럼. 식사 처음부터 덜어놓고 먹는 내가 되어야 한다. 지불한 가격에 맞는 양을 포기해야 한다. 쓴 돈만큼 뱃속에 집어놓고 나오리라는 생각을 접는 것, 이것은 160에 좀 모자라는 키에 55킬로그램까지 불어버렸던 내 여동생이 울며 다이어트를 마음먹었을 때 내가 가장 먼저 해준 말이다. 내 여동생은 2012년을 살고 있는 20대 여성 중에서 알뜰함으로는 상위 1퍼센트의 사람이라 뭔가를 버리는 행위, 아깝다는 감정을 느끼는 것에 익숙지 않았다. 아까운 짓조차도 하지 않는 골수부터 간장녀이니까. 그러나 나는 "네가 소중하게 생각하는 돈, 든든한 통장 잔고, 그것을 위협받기 싫으면 눈앞의 돈을 희생하고 날씬한 허리를 만들라"고 권했다. 외식하다 배가 부르면 아낌없이 남기고 남은 밥을 보며 내 몸의 지방이 그만큼 빠져나가는 거라 생각하라고. 하다하다 도저히 돈 아까워서 못하겠으면, 그냥 집에서 먹으라고.

난 외식을 하면 밥을 절대 남기지 않는 스타일이다. 지금은 아니지만 아주 어렸을 때 얼굴도 모르는 농촌의 농부아저씨 예를 들며 아빠가 밥 풀까지 못 남기게 해서 그냥 습관이 되어버렸다. 그러다가 자라서는 맛있는데, 다 먹을 수 있는데 왜 남겨~ 하면서 언제나 싹싹 비웠지만 다이어트를 하면서 생각을 바꿨다.

너무 맛있어서 혹은 돈이 아까워서가 아니라 배부른데도 안 남기고 다 먹으면 살쪄서 스트레스 받고, 남긴 밥의 몇십 배 되는 돈이 다이어트하는 데 든다. 그러니 돈이 아깝다면 차라리 외식을 하지 마라.

white cow dairy
maple yogu
net wt 8 goo

요즘 외식메뉴의 특징은 낮은 가격의 적당한 양이 아니라 높은 가격의 푸짐한 양이다. 일반적인 음식 1인분이 1000칼로리를 육박하는 건 예사고, 어릴 때부터 늘 먹어오던 카레나 오므라이스에 언제부턴가 튀김요리가 얹어지더니 가격과 칼로리가 단숨에 두 배가 뇌었다. 슈퍼사이즈는 이제 어딜 가나 쉽게 만날 수 있다.

그런 곳에서 친구들과 하나를 주문해 둘이 먹지는 않는다. 최소한 두 개의 메뉴를 주문해서 하나씩 다 비워낸다. 너무 자연스럽게 생겨버린 과식습관 때문에 현대인 모두가 1인분이 어느 정도인지 감을 잃어가고 있다. 제대로 된 1인분만 먹으면 정말 운동 하나 안 해도 사이즈가 줄어드는데 말이다.

스테이크를 주문해도 그 고기만 달랑 먹으면 1인분이겠지만 1.5배 커진 고기 사이즈에 1인 세트로 먹게 되는 것들은 1인분이 아니다. 1인분을 훨씬 초과한 양이다. 이렇게 따지면 무조건 남겨야 정상이라는 것. 일식집에 가도 일본식 돈가스와 우동요리 세트는 만나기 쉽다. 이왕 먹는 것, 단품보다는 세트가 뭔가 더 먹고도 할인받는 거 같으니 세트를 많이 시키게 되고 적정량을 초과하여 먹은 건 고스란히 살로 가버린다.

1인분을 인지하는 감을 찾아야 한다. 모든 사람의 1인분이 다 같은 건 아니다. 체질과 체력, 소비에너지에 따라서도 차이가 있겠지. 적당히 반복적으로 섭취하여 원하는 몸매와 건강을 지속적으로 유지할 수 있다면 그것이 각자의 1인분. 그것을 찾는 것!

1인분을 찾으랬더니 밥은 3분의 1만 먹겠단다. 다이어트도 시작했으니 말이지. 밥을 3분의 1만 먹는다는 것! 평생 이렇게 먹을 거면 몰라도 그렇지 않다면 강력 비추천이다. 누군가에게는 평생 지속 가능한 1인분일 수도 있지만 다이어트 정보들을 간혹 살펴보면 밥을 3분의 1 공기만 먹다가 서서히 늘려가라고 한다. 서서히 늘리라는 말에 절대로 속지 마라! 도대체 서서히 늘려서 어디까지 늘리라는 건가. 실제 유지 가능한 양에 한참 못 미치게 먹다가 서서히 늘려 가면 참았던 욕구가 한순간에 폭발해 3분의 1공기였던 것이 세 공기까지 늘 수도 있다. 정말 다이어트의 기본은 평생 할 수 있는 대로 하라는 것! 평생 소식하는 사람들은 일반인의 반 정도를 먹는다. 굉장히 적게 먹는 것 같지만 요즘 일반적인 1인분이 과거보다 훨씬 많다는 걸 모르는 사람은 없을 듯. 그렇다고 절반씩만 꼭 소식하라는 것이 아니라 외식에서 접하는 잡다한 세트와 코스를 멀리하라는 것이다. 진정한 1인분을 먹으라는 얘기!

　너무 실망하지 않아도 되는 건, 그렇게 1인분에 몸이 기계처럼 적응하게 되면 세트, 코스, 뷔페를 가도 두려움 없이 편하게 먹고, 이것저것 조금씩 1인분만 챙겨먹으며 만족감을 느끼는 것은 물론 몸매도 유지할 수 있게 된다. 다만 그런 경지에 도달하기까지 노력과 시간이 필요할 뿐이다. 그렇게 정해진 각자의 1인분, 이 정도만 먹어도 사는 데 전혀 지장 없고 오히려 몸에 무리가 안 가 몸과 마음까지 가벼워진다. 적응하기까지 배고픔을 도저히 못 견디겠으면 간식도 허락된다. 단 한 끼의 양을 절대로 과하게 먹지 않는 것이 중요!

　나의 경험을 떠올려보면 2006년 요요 이후 밥 반 공기 먹기를 6개월 이상 지속했지만 천천히 먹는 노력을 동시에 하다보니 밥 반 공기에도 배부름을 쉽게 느낄 수 있었다. 집에서 밥을 먹을 때는 반찬을 다섯 개 이상은 꺼내놓고 먹는 게 습관이라(물론 칼로리 계산해서 소량씩) 반찬과 같이 천천히 먹다보면 배불러 죽을 것 같다는 생각을 느끼곤 했고 느낀다. 겨우 이 정도 먹었는데 음식이 턱까지 찬 기분이라니 하면서 말이다. 자신의 1인분을 찾아 적게 먹되, 절대로 참으면 안 된다! 그 후에는 반드시 폭발한다! 과거 나는 평생 지속가능한 양을 선택해 다이어트를 했다. 몇 년이 지난 지금도 밥은 당연히 반 공기만 먹는다.

　가장 쉽게 1인분을 찾아가는 방법은 역시 다이어트에 빼놓을 수 없는 다이어트 일기쓰기다. 나는 1인분을 못 찾아서 일기를 써가며 식판에다 1인분의 양을 덜어먹었다. 덜어놓은 것만 아주 천천히 먹고 더 추가하지 않는 것을 원칙으로 식사하기를 6개월이 지나자 이상해졌다. 같이 밥 먹는 사람들이 당황할 정도로……. 난 분명 외식메뉴의 절반, 딱 절반을 겨우 먹었을 뿐인데 배불러 미치겠고 더 먹었다가는 토하고야 말겠구나 하는 생각이 들면서 숟가락을 더 이상 들고 있을 수 없는 지경에 이르더라는, 믿거나 말거나 한 얘기가 아니라 반드시 믿어야 할 팩트다!

PART 3

몹쓸 습관
으로부터
내 몸뚱아리
구하기

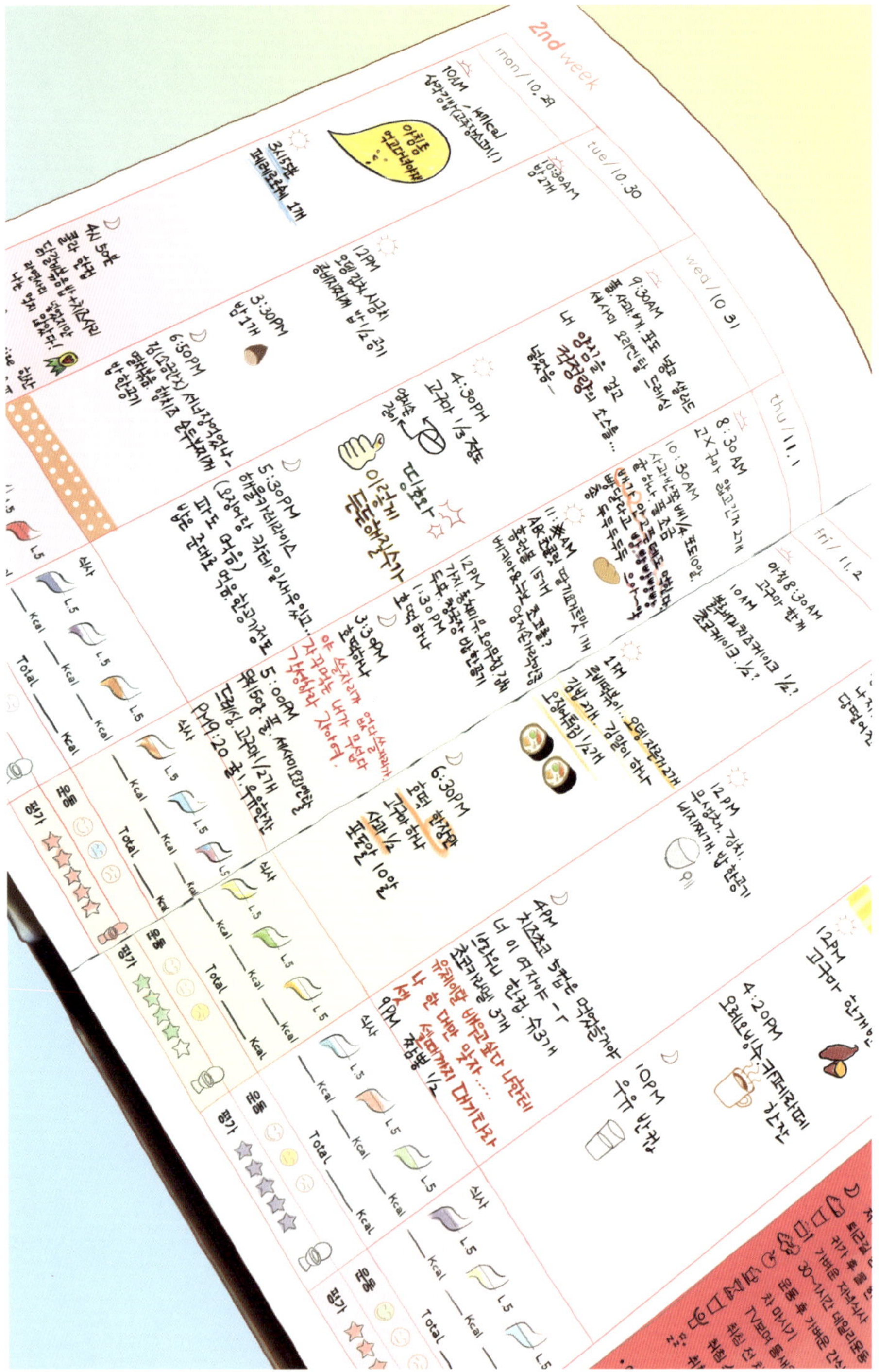

01

당신도 놀라는 다이어트 일기 쓰기
diet

다이어트 초반, 식사량을 줄이는 데 있어 절대적으로 필요한 다이어트 일기 쓰기! 내가 이런 것을 왜 쓰게 되었는지는 정확히 기억나지 않지만, 난 분명 날씬한 내 친구들 정도로 먹는데 왜 나만 살이 찔까 하는 생각에 오랫동안 사로잡혀 있었다. 중학생 때부터 20대 중반이 된 지금까지 장장 10년을 말이다.

그러다 그냥 식사량을 줄이기에 앞서 내가 얼마나 먹는지 체크부터 해야 한다는 어딘가 떠도는 정보에 휩쓸려 일기를 써봤고, 일기를 쓴 지 하루 만에 '뭔가 좀 이상한데' 라는 생각. 의아함을 가지고 일주일이 지나자 그것은 의아함이 아니라 그야말로 반전에 가까웠다. 다이어트 일기를 쓴답시고 의식하여 '줄여' 먹은 것이 하루 3000~4000칼로리. 합계를 도저히 믿을 수 없어 내가 평소 먹던 외식메뉴를 위주로 평상시 식사량을 또 써봤더니 일평균 5000칼로리……!! 근 10년간의 식습관대로 라면 아무리 적게 먹었어도 하루 3000칼로리씩을 꼬박꼬박. 물론 주 5일 술 마시던 때의 술과 안주 칼로리는 뺀 것이다. 최소 주 2일은 1만 칼로리까지…… 훌쩍! 반전의 충격은 경악으로 이어졌다. 한국영양학회에서 권장하는 20대 여성의 하루 섭취량이 대략 2000칼로리 정도라는 것쯤은 나도 알고 있었으니 말이다! 나는 꽤 오랜 시간을 웬만한 장정보다 많이 먹으며 살아왔다는 사실. 그저 조용히 신께 감사할 수밖에 없었다. 오! 주여, 내가 이렇게 먹고도 이 정도 몸매를 유지했다니, 굴러다니는 돼지가 되지 않은 것만으로 감사합니다. 근육량도 부족하고 운동도 끔찍하게 싫어하지만 그저 쇼핑을 위해 날마다 휘젓고 다닌 칼로리 소비도 결코 무시 못할 것이었다며 스스로 원인을 찾기 시작했다. 저렇게 퍼붓고도 이렇게 날씬(?)했던 이유를! 그리고 나는 다이어트 일기 결과를 통해 자신감이 생겼다. 내가 이 정도로 먹고 살았으니 권장량의 식사만 해도 일단 몸무게는 줄겠구나 하는 산수가 된 거지.

2000칼로리는 54~55킬로그램의 여성이 보통 정도의 활동을 한다고 가정했을 때의 섭취권장량이다. 나는 그보다 더 낮은 몸무게를 원하니 더 적게 먹어야 했겠지. 소녀시대는 800칼로리대를 먹는다지만 나는 특수한 식단이 아니라 일상에서 쉽게 접하는, 평생 유지 가능한 식단으로 먹을 것이고, 필수영양소 섭취를 줄이지 않고 건강도 해치지 않고 근육량도 잃기 싫었기에 1200~1300 정도로 제한하여 유지했다. 권장 섭취량의 60퍼센트 수준은 되어야 근육을 잃지 않으면서 지방을 분해할 수

있으니 가뜩이나 없이 태어난 내 근육은 소중하니까. 나아가 요요를 겪
지 않기 위한 마지노선이었다고 볼 수 있다.

밥을 먹으려면 하루 세 끼를 기준으로 간식 먹지 않고 한 끼에 400칼
로리를 먹어야 한다. 과자 한 봉지도 안 되는 칼로리, 햄버거 세트가 아
니라 햄버거 하나 칼로리에도 못 미친다. 그래서 다이어트할 때는 간식
류나 양식 위주로 먹으면 늘 허기진 느낌을 받게 된다. 배가 고프고 부
르고의 문제가 아니라 고작 햄버거 3분의 2에 한 끼 식사가 끝났다는 것
에 상당한 상실감을 느끼는 거다. 그래서 다이어트에는 한식만한 것이
없음을 강조하며, 지금의 한국식 식문화를 물려주신 조상님들께 감사드
리고 범세계적인 자부심을 느끼는 바다.

보통체중, 혹은 날씬한 사람도 더 날씬하고 싶다면 다이어트
일기를 가장 먼저 써보길 권하고 싶다. 내가 하루에 얼마나 먹는
지, 그 칼로리를 도대체 어떤 질의 음식들로 채우는지 보게 되면, 그리
고 다이어트 욕구가 있다면 분명, 배는 채우지 못하면서 쓸데없이 실노
리를 채우는 음료, 크림류, 기타 간식류부터 저절로 멀어지게 될 것이
다. 단순히 몸무게 조절뿐 아니라 식습관 교정에도 큰 도움
이 된다. 이왕 채우는 칼로리, 포만감 있고 저칼로리의 음식을 자주 많
이 먹는 게 낫겠다는 결론에 도달하게 될 테니 말이다.

영원히 먹어야만 살아갈 수 있는 존재로 태어나, 쏟아지는 국내외 외
식브랜드와 활발한 외식산업의 노예가 되어 질질 끌려다니지 않으려면
날씬한 사람들도 최소 한 달 정도는 써볼 만한 것이 다이어트 일기다! 자

기계발, 성공학에서 강조되는 경쟁력 중 하나가 '나를 아는 것'이다. 입맛을 자극하는 프리미엄급 메뉴의 개발과 다양화, 좋지만 두려운 배달 서비스와 24시간 영업점의 확대에 무방비로 노출된 우리들로서는 나의 기질과 장단점을 아는 것만큼이나 내가 매일 무엇을 어느 정도 먹고 사는지 아는 것도 중요한 문제가 아닐까. 다이어트 일기를 쓰는 것만으로 다이어트가 되는 건 아니지만 적어도 스스로의 상태를 완벽히 이해하는 데 큰 도움이 된다.

다이어트가 시급한 사람들은 다이어트 일기를 최소 3개월은 써야 한다! 나는 1년 정도 썼는데 정말 확실하게 다이어트를 끝장보고 싶다면 1년 정도는 꾸준히 쓰기를 권한다. 다이어트 일기 쓰고 정말 놀랐다. 일기가 중요하다고 강조하는 건, 나같이 '나는 얼마 먹지도 않는데 살이 찐다. 잘 안 빠진다. 물만 먹는데 살이 찐다'고 착각하는 경우가 매우 많기 때문이다. 지금 이 글을 읽고 있는 누군가도 '나는 아니다'라고 생각할 테지만 일기를 써보면 나와 마찬가지로 반전을 경험할 수 있다. 반드시 써봐야만 느낄 수 있다. 어렴풋한 칼로리 계산은 오히려 더 큰 착각을 불러일으키게 만드니 주의!

절대로 잊지 않고 기억해야 할 것은 하루 세끼 식사만 체크하면 안 된다는 점이다. 이것은 주로 아줌마들의 칼로리 계산법인데 밥때 밥 먹은 것만 계산하고 집안을 이리저리 돌아다니며 집어먹는 과자 한 조각, 먹다 남은 아이스크림 반 개, 식혜 한 잔 뭐 이런 칼로리는 다 뺀다는 것이다. 입속으로 들어간 모든 것을 계산해야 한다. 어느 날 하루치 칼로리를 다 먹었는데 밤에 너무 배가 고파 참을 수 없어서 아빠가 구워 놓은 고구마를 한입 먹었다. 참기는 싫고 다 먹으면 안 될 것 같아 딱 한 입 먹었는데, 심지어 그 고구마 먹기 전 무게 재고, 한 입 먹은 후 무게 재서 먹은 양만큼의 칼로리도 체크했었다! 과자 한 조각 먹은 건 먹은 게 아니라고 계산 안 하면 절대 안 된다. 그것들이 모이면 순식간에 한 끼 식사가 완성되기 때문! 또한 계산에서 자꾸 빼버리면 그런 식의 음식섭취가 늘게 된다. 입으로 들어간 모든 것을 계산해야 한다.

다이어트 일기를 쓰라는 건 자신의 현재 섭취량을 알고 다이어트를 위해 무리하지 않는 선에서 섭취량을 줄여 정해놓은 뒤, 그 칼로리 내에서 양을 조절하라는 것이다. 최종적으로는 자기 의지 문제다. 일기 쓴다고 누가 와서 내 입을 막아주는 건 아니니까. '하루 1500으로 정해놓고 오늘만 2000 먹자!' 이런 식으로 하루 이틀 더해지면 실패하는 것은 분명하다. 평생 어떻게 다이어트 칼로리에 의지해서 사느냐 반문할 수 있지만, 나의 경험에 의하면 처음에만 힘들었다.

적게 먹어야 해서 힘든 것보다는 먹은 것을 체크해서 옮겨 쓰는 것, 기록한다는 그 자체가 힘들었다. 그 귀찮고 번거로운 일에 익숙해지기까지 두 달 가까이 걸린 것 같다. 글 쓰는 것을 싫어하는 건 아니지만 뭔가를 매일 반복해서 기록한다는 건 정말 보통일이 아니더라. 가끔 다이어트 관련 기사들을 보면 칼로리를 잊으라는 말을 많이 하는데 옳고 그름을 판단하고 싶지는 않다. 다만 나에게는 칼로리를 아는 것만큼, 나의 식사량을 바로바로 가늠해 절제할 수 있게 도와주는 건 없었다.

처음엔 뭔가를 자꾸 생각하고 계산해야 한다는 것이 머리 아팠다. 하지만 어느 순간 일반적인 음식의 칼로리가 대략 파악이 되고(일기를 오래 쓸수록 외우려 하지 않아도 외울 정도가 된다) 칼로리를 계산하여 절제하는 것이 습관이 되었다. 지금은 일기를 안 쓴지 몇 년이 되었지만 굳이 계산하지 않아도 머리가 알아서 더 먹어도 될지 말지를 똑똑하게 판단해 나가고 있다는 것을 느낀다. 귀찮고 번거로운 시기를 넘기고 습관이 되면 칼로리 표 따위는 펼쳐보지 않아도 될 정도가 된다. 심지어 재료와 요리법만 들어도 난생 처음 먹게 된 음식의 칼로리가 대충 계산이 된다.

식습관도 점차 변한다. 예를 들면, '저 음료수 한 캔에 150칼로리? 저거 마셔서 괜히 하루치 칼로리에 150 채울 바에 0칼로리 물마시고 아까 먹고 싶었던 고구마나 더 먹어야지~' 이렇게 된다. 어느 순간 잠깐의 만족을 주는 음식보다는 포만감이 있어 좀 더 배부르고 몸에 좋은 음식을 찾고 있는 나를 발견하게 되는 거다. 그래서 그런지 음료수 끊는 게 가장 쉬웠다. 다이어트 일기 쓰니까 음료수가 가장 먼저 끊어지더라.

날씬한 사람들의 특징 중 하나는 저칼로리 식품을 과신하지 않는다는 거다. 저칼로리 음식이니까 마음 놓고 먹어도 될 거라는 생각, 정말 위험하다. 하루 종일 저칼로리 음식들로만 먹으면 적게 먹는 것 같지만 다 모아서 일기를 써보면 답이 나온다. 식품회사가 표기하는 1회 권장량에 해당하는 칼로리만을 믿어서도 안 된다. 그것만 믿고 먹는 것이 아니라 실제 내가 섭취하는 양에 해당하는 칼로리를 계산해보면 우리가 얼마나 저칼로리 표기에 속고 있는지 깨닫게 될 것이다.

02

다이어트에서 가장 중요하고 가장 우선적인 한 가지를 꼽으라면 난 '아주 천천히 먹는 것' 이라고 말하겠다. 지금의 나는 조각 케이크 하나와 아메리카노 한 잔이면 배불러서 다른 것 생각이 안 난다. 과거, 조각 케이크 따위는 아무 맛 안 나고 먹을 수 있는 간식일 뿐이었다. 조각 케이크 하나 먹고 배불러본 적이 없었지만, 난 배부름을 느낄 수 있는 사람이 되었다.

어느 순간, 늘 같이 밥 먹던 사람들과의 식사에서 숨이 차다는 걸 느끼기 시작했다. 최선을 다해 먹어보지만 결국 그들이 1인분 다 비우는 사이 절반 겨우 먹고 나는 너무나 배가 불러 숟가락을 내려놓고 같이 일어난다. 그 묘한 희열을, 신선함을 이 책을 읽는 사람들 모두가 맛보길 바라는 마음이다.

반드시 천천히 먹어야 하는 이유는 천천히 먹는 것이야말로 식사량을 줄이는 가장 기본적이고도 빠른 길이기 때문이다. 식사량을 줄이면 어떻게 될까? 당연히 평소 양에 못 미치므로 배가 고프다. 한없이 고프다. 난 분명 먹었는데, 양이 적으니 먹는 시간도 단축되고 그러다보니 안 먹은 것 같은 느낌. 심리적인 감정에 사로잡혀 머릿속은 '배고파, 배고파, 아쉬워, 아쉬워' 만 외치게 된다. 이것을 극복하기 위한 가장 쉽고 바람직한 방법이 천천히 먹기다. 이것을 마스터하지 못하면 결코 요요와 과식, 폭식으로부터 자유로울 수 없다.

식탐이 있는 사람들은 대부분 허겁지겁 빨리 먹는다. 10킬로그램을 감량한 나는 식탐이 완전히 사라졌을까? 그렇지 않다. 줄어들긴 했어도 여전히 먹는 것을 즐기고 맛있는 음식들이 좋다. 가급적 배고픔에 방치되지 않도록 하지만, 간혹 밥때를 놓치면 괜히 여러 개 시키게 되고 뭐 이성으로 통제되지 않는 그런 본성들이 꿈틀거린다. 그런데 식탐이 있어도 천천히 먹으면 허겁지겁 먹지 않게 된다. 천천히만 먹으면 아무리 배가 고프더라도 빠른 시간 안에 배부름을 느낄 수 있으므로 탐하는 만큼 다 먹을 수 없게 된다. 즉 과식과 폭식을 안 하게 된다는 것!

평생을 빨리 먹어왔던 사람들에게 천천히 먹기란 매우 힘든 일이다. 몸이 어디 이상한 것도 아닌데 음식을 앞에 두고 애써 운동능력을 떨어뜨려 천천히 숟가락질하기란, 나 좋다고 따라다니는 훈남을 애써 내치는 것과 뭐가 다르단 말인가. 그래서 훈련이 필요하다. 하루아침에 되는 것이 절대 아니다. 정말 마귀 같은 식탐이라는 본능을 누르기가 쉽지 않아서 수개월의 훈련이 필요하다.

나는 누가 가르쳐준 방법은 아니지만 성경책을 읽으며 천천히 먹는 훈련을 했다. 당시는 학생 때라 점심저녁을 밖에서 친구들과 먹었기 때문에 그 가운데서 성경을 꺼내 읽지는 못했고, 아침식사 때 성경책을 읽었던 것! 아침에 하는 훈련이 중요하고, 밖에서의 점심저녁은 테스트 정도로 생각하면 된다. 복습!

굳이 성경책이었던 이유가 있다. 다이어트 칼럼 같은 걸 보다보면 밥 먹을 때는 책도 TV도 보지 말라고 한다. 이유인즉슨, 거기에 빠져들면 본인이 얼마만큼을 먹는지 알 수 없기 때문에 많은 양을 먹게 된다는 것! 어느 정도 일리가 있긴 했다. 근데 오직 밥 먹는 데 집중해보니 지겨워서 못 씹겠더라고. 그래서 뭐~ 나는 오히려 이걸 역이용했지.

나의 경우는 딱 한 끼 먹을 양을 식판에 덜어 먹었기 때문에, 그마저도 처음 소식을 훈련할 때는 반찬을 주방저울에 재서 정확한 양을 칼로리에 맞게 먹었다! 그리고는 다 먹어두 더 머기 앉았기에 깅핑보나 너 빅을 일은 절대 없었다. 정해진 걸 오직 천천히 먹는 일만 남은 거지. 처음부터 양을 줄여서 먹을 자신이 없는 사람들은 애써 양을 줄이려 하지 말고, 늘 먹던 만큼 먹되 조금 제정신이 아닌 것처럼 천천히 먹으려고 애써보자. 방이나 거실에 있던 가족 중 누가 다가와 “너 아직도 밥 먹고 있냐?” 이런 소리 한번 해주면 최고!

성경책을 한 번이라도 펼쳐본 사람들은 알겠지만 ‘장’이 있고 ‘절’이 있다. 밥 한 숟가락에 반찬 한입 넣고 수저를 즉시 내려놓고는 음식을 씹으면서 한 구절이 아니라 한 장을 다 읽었다. 성경책 속의 한 장은 결코 짧지 않다. 그래서 그걸 읽다보면 밥이 다 씹혀 가루가 되어 녹아들고 없다. 그래도 그 장을 다 읽을 때까지 수저를 들지 않는다. 한 장이 끝나면 다시 수저를 들어 한입 넣고, 또 내려놓고 한 장 읽고……. 이렇게 해봐야 밥 반 공기 포함 총 400~500칼로리 정도를 먹는 데 30분 걸린다. 아무리 천천히 먹어도 30분이더라. 그보다 양이 더 많으면 모르겠지만. 결코 짧은 시간은 아니다.

다른 책을 읽는 것도 좋지만, 내 경험상 성경책의 한 장 읽기가 시간적으로 딱이다! 종교와 상관없이 세계 최고의 베스트셀러를 읽는다는 것에 의의를 두고 성경을 읽으면서 천천히 먹는 훈련하는 것도 나쁘지 않다.

적은 양임에도 불구하고 30분 동안 식사했을 때의 그 포만감은 실로 놀랍다~. 배불러서 물도 한 모금 안 먹힌다. 그렇게 3개월이 지나면서부터는 어디서 먹든 천천히 먹게 되고 빨리 먹는 애들과의 식사는 피하게 되더라. 숨차서 같이 먹을 수가 없으니까.

천천히 먹기란 제대로 한다고 완벽한 습관이 만들어지는 것이 아니라 진짜 시간이 필요하다. 최소 두 달은 꼬박 연습해야 어느 정도 느낌의 변화가 오기 시작한다. 배가 점점 빨리 불러오는 느낌, 적게 먹었음에도 배부른 느낌 같은 거 말이다.

쉽지 않겠지만 천천히 먹는 것을 훈련하는 초반에는 가급적 혼자 밥을 먹는 것이 좋다. 여러 사람과 같이 먹으면 함께한 사람들의 속도에 따라 내 본능도 그들에게 음식을 뺏길세라 본의 아니게 식사에 속도가 붙게 된다. 서로의 식탐이 제어가 안 되다보니 천천히 먹기가 상당히 힘들어지는 것이다. 시크하게 혼자 먹어라. 외로운 만큼 살이 빠질 것이다. 혼자 먹으면 천천히 먹는 습관을 들이기도 쉽고 양조절도 훨씬 더 쉬워진다. 천천히 먹는 훈련을 하다보면 식사속도 교정은 물론 과식하는 습관도 바뀐다. 평소 대충 씹어 꿀떡꿀떡 넘기던 습관을 버리고 오래 씹는 느낌, 다 씹어서 넘기는 느낌을 알아가게 된다. 특히, 집에서 혼자 먹을 때일수록 1인분씩 담아서 먹는 것, 이것이야말로 진정 날씬한 사람들의 습관이다! 더 정확히 말하면 천천히 먹는 습관이 안 되었을 때는 가급적 다른 사람들과 어울리는 자리를 자제하는 것이 좋다.

천천히 먹는 습관을 훈련하던 중, 10분 만에 밥을 먹어야 하는 일이 생긴다면? 그래도 천천히 훈련하던 속도대로 먹어야 한다. 그러면 1인분의 절반도 못 먹게 될 것이다. 남은 건 앞에서도 언급했던 것처럼 아깝다고 생각하지 말고 무조건 버려라. 그리고 다음 타이밍에 다시 다른 음식을 더 먹어라. 마찬가지로 천천히, 티민 속도내노. 새벽 선선히, 무조건 천천히, 어떠한 순간에도 그 속도를 잃지 않아야 비로소 훈련이 되어 습관으로 자리 잡힌다. 자신 없고 힘들어 하는 사람들은 정말 우리집에 불러다 한 3~6개월 같이 합숙이라도 하고 싶다. 천천히 먹는 훈련이 다이어트에서는 가장 중요하기 때문이다.

지금부터 3~6개월 이내에 제대로 다이어트 해서 원하는 몸무게를 만들었다고 해도 그 후 사회생활이나 예기치 못한 환경에 처해 습관을 지속시키지 못하게 되어 다시 예전처럼 살이 찌고 마는 일이 인생에는 충분히 생길 수 있다. 그래도 절대로 요요가 오지 않는 비결이 있다. 딱 두 가지만 죽도록 붙들면 된다!

그 하나는 천천히 먹는 습관을 몸에 완전히 새기는 것.

누구와 무엇을 먹든 천천히 아주 천천히만 먹으면 절대 과식하지 않게 된다. 몸에 새겨진 정도라는 건 일행 모두 동일한 메뉴 1인분을 먹는다고 했을 때, 잠깐 정신을 놓고 먹더라도 내가 가장 늦게 먹고 있는 것을 발견한다면 50퍼센트 이뤄진 거고, 혼자 집에서 밥을 챙겨먹거나 요리를 할 때 무의식적으로 '나는 저만큼 못 먹어', 음식을 선택할 때 '저건 나한테 너무 많은 양이야, 남겨야겠어' 라는 생각이 머릿속에 저절로 드는 단계가 되면 거의 성공에 다다른 거다. 그전까지의 난 늘 '부족해 부족해, 더더 시켜야 해, 모자랄 것 같아' 라는 생각만 들었으니까. 좋아하는 만두를 구워먹을 때도 늘 부족해 보이는 개수. 그래서 언제나 10개가 15개가 되고 15개가 20개가 되고…… 한 봉지 다 구울 기세로 덤벼들게 되더라.

늘 '푸짐'한 걸 좋아했는데 푸짐이 부담으로 다가오는 순간이 있다. 푸짐하게 먹을 수 있는 자리가 아주 부담스러워질 때까지 계속 노력해야 한다. 어떤 상황에서도 천천히 먹는 것만 되면 요요 없는 다이어트의 50퍼센트는 달성했다고 보면 된다.

다른 하나는 적게 먹는 습관을 몸에 배이게 하는 것.

평소 과식하던 것보다 적은 양을, 먹고 싶은 것만 골라서 천천히 먹고는 되네 안 되네 불평하면 상당히 곤란하다. 밥을 절반 뚝~ 잘라서 적게는 먹는데 천천히는 못 먹겠고, '꼭 천천히 먹어야 하나 적게 먹기만 하면 되지'라고 하면서 빨리 후루룩 마시면 절대절대 적은 양만으로 배불러지는 행복한 시절은 오지 않는다. 적게 먹는 것은 점점 힘들어지고, 늘 배가 고프기만 할 뿐이다.

말한 모~든 것을 지켜야 한다! 처음에는 진짜 어렵다. 평생 살아오던 생활습관을 바꾸기가 그리 쉽겠는가. 그래도 다른 다이어트에 비해서는 훨씬 쉬웠다! 다른 다이어트의 경우 부작용은 둘째치더라도 살을 다 빼고 난 후에도 계속되는 관리와 스트레스가 뒤따르지만 습관을 바꿔 다이어트에 성공하게 되면 바꾸는 기간 3개월에, 그 후 그 습관이 안정되기까지의 기간(최소 1년은 잡는 것이 좋다)만 유의해서 습관을 이어나가면 그때부터는 변한다. 습관이 내 몸에 새겨진다. 스트레스도 없고 몸과 생각도 다 변한다.

평소 컵라면에 물 부어서 다 먹기까지 딱 7분 완성이었다. 그랬던 나의 식사가 30분짜리가 되기까지 3개월, 그리고 그것을 계속 이어온 것이 벌써 횟수로 5~6년이 되었다. 명심해라. 천천히 먹어야 적게 먹게 되고, 천천히 먹어야 적게 먹어도 배부름을 느낄 수 있다. 운동 없이도 살이 빠지기 시작하는 것을 볼 수 있다. 너무 지쳐서 다이어트를 위한 그 무엇도 더 이상 할 수 없는 지경이라도 하나만이라도 붙들고 노력해보자.

03

과식의 늪에서 나를 건진 소식의 법칙
diet

몸무게를 줄이기 전에 자신의 건강상태를 민감하게 살펴야 한다. 건강한데 살만 찐 경우도 있지만 살찌고 피부까지 안 좋은 사람들은 건강상태를 의심해보아야 한다. 나는 소화기가 약하다. 날 때부터 약했는지 모르겠지만, 기억하기에는 일곱 살 때부터 빨리 먹으면 체하고, 뭘 먹었는지 몰라도 자주 토했다. 엄마가 항상 주의를 주고 튀김류는 절대 못 먹게 하고 밀가루 음식도 못 먹게 뜯어말렸지만 엄마가 늘 따라다닐 수는 없었다. 부모님과 동행하지 않고 외식을 할 수 있는 나이가 되면서부터는 내가 무엇을 먹고 다니는지 엄마가 전혀 알 길이 없었다. 먹는 걸 너~무 좋아하다보니 전혀 신경을 안 쓰고 언제나 과식! 항상 먹고 난 후 소화 안 되서 괴로워하고, 소화제 먹으면서도 언제나 과식! 과식! 과식!

위에서부터 목까지 꽉 찬 느낌이 싫어서였는지 언젠가부터는 식사 중에 탄산음료까지 즐겼다. 뭔가 확 내려가는 시원함, 급기야 주변에서 걱정할 정도로 콜라까지 중독! 물은 전혀 안 마시고 콜라로 수분섭취를 대신했다. 시간이 지나면서 콜라는 끊었지만 과식 습관은 변하지 않았다. 거기에 근본도 없는 무리한 다이어트까지 추가되어 몸 상태는 더욱 나빠져 갔고, 좁쌀여드름 개수는 날로 늘어갔다. 과식이 건강에 얼마나 해로운지는 30년 가까이 들어온 한국말로도 완벽히 전달할 수가 없다. 건강한 몸과 피부에 아주 치명적이었다고 밖에는!

불에 마른 장작을 넣으면 활활 잘 타지만 잘 타지 않는 땔감을 넣으면 그을음이 가득 생긴다. 같은 원리가 아닐까. 소화가 잘 안 되는 음식을 자꾸 먹으면 소화기관은 그걸 소화시키느라 평소보다 훨~~~씬 힘들어진다. 그을음이 생기는 것과 마찬가지로 얼굴 등에 뾰루지가 올라오거나, 빠르게는 얼굴빛이 눈에 띄게 칙칙해지는 거다! 건강과 피부를 해치고 노화를 앞당기는 활성산소를 줄이는 지름길은 영양제를 섭취하고 항산화 화장품을 바르는 것이 아니라 적게 먹는 것이다!

소식은 젊음의 묘약이다. 다이어트는 물론이고 젊게 살기 위해서도 적게 먹어야 한다. 소식이라 해서 엄청 줄여야 하는 걸로 생각해 부담부터 가지는데, 그저 과도하게 먹던 양을 정상으로 되돌린다 생각해라. 그것이 우선이고, 그 다음은 몸무게 감량에 성공하더라도 하루 1500~1800칼로리 정도로 보통사람들에 비해 20~40퍼센트 적게 자신의 양의 80퍼센트만 섭취하도록 유지하는 것이 좋다. 정상적으로 먹고

 디스 이즈 다이어트 THIS IS DIET

정상적으로 움직여서 정상체중을 유지할 수는 있다. 그러나 요즘은 사회적 몸매란 것도 있어서 44에서 마른 55 정도는 되어야 날씬하다는 소리를 듣는다. 그러기 위해서는 토할 때까지 운동하는 것보다 소식이 가장 큰 도움이 된다.

다이어트에서 운동과 식이요법의 중요성을 비교하는 질문을 받으면 언제나 식이요법을 앞세운다. 음식을 제때 천천히, 적게 먹는 것. 이것만 잘 지켜도 살은 저절로 빠지며 만성소화불량까지 해결되니까. 나는 소식을 통해 10년이 넘는 시간 동안 변함없이 내 곁을 지켜주던 살들을 떠나보냄과 동시에 고통이 극에 달해가던 만성소화불량까지 저절로 해결하고 소화제도 끊게 되었다. 내가 애써 경험을 더듬어 짜내지 않아도 소식이 다이어트와 건강에 얼마나 큰 득이 되는지에 관한 과학적 근거는 넘쳐난다.

밥 먹기 힘든 옛날이나 한번 먹을 때 몰아서 많이 빨리 먹었지, 먹을 것이 넘쳐나는 요즘은 그럴 필요가 전혀 없다. 안타깝고 어리석은 식습관이 아닐 수 없다, 맛있는 것이 지천에 널려 있다, 더더욱 입맛에 짝짝 붙는 것들도 많고 요리사들을 통해 새로운 메뉴가 날로 늘어나고 있다. 먹는 일도 인생의 큰 즐거움인데 그것들을 과감하게 포기할 건가. 그럴 자신은 있는가? 나는 없다. 좋아하는 사람들과의 만남, 그리고 그 속에서 맛있는 음식들을 즐기는 기쁨까지 포기하면서 날씬해지고픈 생각은 없다. 그렇기에 더더욱 적게 먹는 습관을 몸에 새기려고 하는 거다. 다양한 음식의 유혹을 뿌리치는 것보다 적게 먹는 게 더 쉬웠다. 지금 눈앞의 음식을 굳이 다 먹지 않아도 맛있는 것, 먹고 싶은 것, 먹고 싶어질 것은 또 있기에 숟가락을 놓을 수 있었다.

| 소식의 법칙 |

소식이라고 할 수 있는 적정 칼로리를 섭취한다고 해서 영양을 포기할
수는 없다. 처음에는 먹고 싶은 것에 대한 식탐을 자제하는 것이 힘들어
영양보다는 일단 먹고 싶은 걸 즐기면서 소식에만 초점을 맞췄는데, 점
차 익숙해져 가면서 채식 위주의 식단이 되어야 하고 채식을 사랑해야
함을 깨달았다. 그렇게 나는 더 맛있는 것을 이것저것 다 맛보기 위해
채소를 가까이 하게 되었다. 특히 칼로리가 높은 맛난 것을 먹은(물론 소
식) 다음날은 채소 위주의 저칼로리 식사를 하려고 노력한다.

제대로 된 소식은 무조건 적게 먹는 것이 아니다. 영양은 풍부하게 열
량은 최소로! 가공식품 섭취를 줄이고 자연식품으로 대체하다보면 절대
사라질 것 같지 않던 복부지방이 빠르게 감소되며, 앉았을 때 접히는 뱃
살의 모양새부터 달라진다. 과자나 탄수화물 위주의 식사 같은, 영양가
없이 열량만 높은 식단을 일단 피하자.

소식의 성공과 유지를 위해 반드시 필요하고도 가장 중요
한 것은 많이 씹어 천천히 먹는 것이다. 천천히 먹는 것은 훈련
이 필요하다. 그것이 가능해야만 소식을 할 수 있고, 소식 습관을 평생
유지할 수 있다. 그렇기에 이 책에서도 소식보다 천천히 먹기를 먼저 소
개한 것이다. 많이 씹고, 천천히 먹는 습관을 들이지 못하면 단기간 적
게 먹어 몸무게를 감량했다 하더라도 요요는 순식간에 찾아온다. 평생

천천히 오래 씹어 먹어본 적이 없는 사람은 이렇게 먹었을 때 음식이 어떻게 되는지 아마 모를 거다. 나도 평생 빨리 먹어서 음식을 오래 씹을 때의 느낌조차 몰랐단 것을 알았다. 우습지만 '아, 음식을 오래 씹으면 입속에서 이렇게 되는구나' 하는 걸 태어나서 처음 알게 된 것이다.

다시 한 번 강조하지만 천천히 먹는 것이 우선이다. 천천히 먹는 것을 방해하는 것은 역시 식탐! 그리고 배고픔. 그놈의 식탐과 배고픔이 음식을 후다닥 마시게 만들기 때문에 절대로 공복상태의 자신을 방치해서는 안 된다. 또한 여러 사람과 같이 먹으면 식탐이 두 배가 되는 사람이 있다. 타인 때문에 내가 못 먹게 될까봐 더욱 속도가 붙게 되는데, 본인이 그런 경우라면 천천히 먹는 습관과 소식이 길들여지기 전까지는 혼자 먹는 것이 도움이 된다. 실제로 여럿이 먹으면 평소보다 더 많이 빨리 먹는다는 연구 결과도 있다. 부끄러워하거나 외로워하지 말고 그 순간을 즐겨라. "나 천천히 먹는 것 연습하는 중이야!"라고 하면서.

과식의 습관과 식탐을 잡으려고 하지 않고 쉽게 쉽게 가려고 아니 자꾸만 엉뚱한 곳에서 방법을 찾고 돈을 쓰고들 있다. 무엇보다 과식에 익숙해진 식이습관을 정상으로 돌려놓는 치료가 필요하다. 과식을 계속하고 있다는 건 이미 장애라고 보면 된다. 사람은 적정량을 먹으면 뇌에서 배부르다는 신호를 보내고 포만감을 느끼게끔 만들어져 있다. 그 포만감은 식욕을 떨어뜨려서 더 이상 먹지 않게 만들기 때문에 매우 중요한 것이다. 그런데 포만감을 느낄 새도 없이 계속 먹는다는 건, 이러한 일련의 과정이 다 망가진 거라고 볼 수 있다.

평소 먹던 양의 반을 먹고도 배불러서 미칠 것 같은 그 기분을 내가 느끼게 될 줄은 전혀 몰랐다. 아니 실은 그런 기분이 세상에 존재하는지도 몰랐다. 그러나 언제나 소같이 먹던 나도 성공했기 때문에 누구나 가능한 일이다. 천천히 먹고 적게 먹게 되면 조금만 먹어도 배가 불러온다. 빠르게 많이 먹던, 배불러도 계속 먹던 습관이 고쳐지면서 생각지도 못했던 신호가 머리에서부터 온다. '아~ 그만 먹어야지'로 시작된 신호는 '그만 먹어야지 더 이상 못 먹겠다'가 된다. 그 신호를 무시하고 조금 더 먹으면, '배불러서 진짜 토하겠다'라는 신호로 바뀐다. 평소 먹던 양의 절반도 안 먹었는데 말이지. 놀라운 일이 아닐 수 없다. 음식이 눈앞에 떡하니 남아 있는데 팔과 손은 어느새 숟가락을 내려놓아버렸다.

천천히 먹는 것과 소식에 습관이 된 나는 특별한 날, 특별히 푸짐한 식사에도 더 이상 긴장하지 않는다. 요요를 고통스럽게 겪은 탓에 다시금 다이어트에 성공하고 나서도 항상 민감하게 식사를 했다. 넋 놓고 먹지 못하고 늘 머릿속으로 의식을 하며 음식을 먹었다. '이 정도면 칼로리가 얼마쯤이고, 아침에 뭘 먹었으니까 지금은 이 정도는 먹어도 되고……' 조심스럽고 머리 아프게 생각을 했었다. 그러나 그렇게 훈련해서 결국 습관이 된 이제는 무아지경의 상태로 밥을 먹어도 과식하지 않는다. 집안 행사 같은 때 음식의 숲에 던져져도 맘 편히 즐겁게 식사를 즐길 수 있다. 아무래도 평소 양보다는 조금 더 먹겠지. 그러고서는 다시 정상으로 조절하거나 별로 의도하지 않아도 조금 덜 먹게 된다. 그렇게 해야 몸이 가볍고 기분 좋으니까 그냥 자연스럽게 그렇게 되더라.

| 소식하고 소식하라 |

나는 밥을 절대로 대접에 먹지 않는다. 항상 밥공기, 그중에서도 작은 사이즈의 밥공기를 선호한다. 어릴 때 아빠의 밥그릇이 생각난다. '아빠 밥그릇'은 다른 가족들 밥그릇에 비해 유난히도 컸다. 물론 지금은 나로 인해 가족 모두의 밥그릇이 바뀌었다. 아빠조차도 한 끼 한 그릇 이상은 드시지 않는다. 밥공기 한 그릇을 기준으로 식사를 해야 내가 어느 정도 먹고 있는지를 알 수 있고 의식적으로 조금 덜 담게 된다. 그리고 밖에서 먹을 때는 밥공기가 크기 때문에 반 공기 정도를 남기게 된다.

밥그릇은 작을수록 좋다. 작은 그릇과 보다 작은 스푼은 음식을 더 조금 담게 할 뿐 아니라 조금 먹게 만든다. 국에 밥을 말아먹는 일은 거의 없지만, 혹시라도 그렇게 먹거나 대접에 비벼 먹을 때도 밥을 곧바로 대접에 담지 않고, 밥공기에 담아 양을 조절한 다음 대접으로 옮긴다.

그렇다고 나처럼 밥그릇을 싹 바꿀 필요까지는 없다. 다만 새롭게 자취를 시작하거나 결혼으로 식기를 구입하게 된 경우는 가급적 내 식는 그릇 위주로 구입하라는 것. 큰 그릇에 적게 담으려고 애쓰지 말고, 작은 그릇에 가득 담아먹으면 심리적인 만족감도 훨씬 높다.

가끔 아침식사 대용으로 시리얼에 우유를 섞어 먹은 적이 있는데, 어릴 때부터 미국영화를 보면 꼭 큰 대접에 시리얼을 담고 우유를 콸콸콸 부어 먹기에 원래 그렇게 먹어야 제맛이라고 생각했다. 그러나 대접에 시리얼을 담아 먹으면 시리얼 회사가 제공하는 1인분 기준 칼로리의 최소 세 배 이상을 섭취하게 된다. 무게를 재어보면 그들이 제시하는 1인분이 얼마나 쥐꼬리만한 양인지 알게 된다. 결국 시리얼 먹을 때만큼은 그릇사이즈를 쉽게 줄이지 못했는데, 코넬대학의 첵스믹스 연구결과를 듣고는 확 바꿔버렸다. 커다란 그릇에 담아 먹은 학생들이 작은 그릇을 이용한 학생들보다 첵스믹스를 59퍼센트나 더 먹어치웠다는 사실에 나는 경악. 심지어 커다란 그릇과 스푼으로 직접 아이스크림을 덜어먹으라고 요청받은 영양학자들은 작은 그릇과 작은 스푼을 받은 영양학자들보다 두 배가량 많은 양의 아이스크림을 담아갔다. 중요한 것은 앞의 실험과 달리 '영양학자' 들을 대상으로 한 실험이라는 것!

우리로 하여금 더 많은 양을 먹게 만드는 음모(?)는 곳곳에 도사리고 있다. 사이즈가 큰 그릇은 물론이요, 먹고 난 접시를 순식간에 치워 테이블을 깨끗하게 정리해버리는 동작 빠른 서버는 내가 얼마나 먹고 앉아 있는지 잊어버리게 만든다. 게다가 엄청난 양을 정상 1인분인 것처럼 보이게 만드는 '패밀리사이즈'의 음식 팩까지. 현재의 식문화는 우리가 더 많이 먹도록, 더 많이 먹는 습관을 들여 더 많은 음식들을 찾도록 만들고, 더 많이 주는 음식점으로 발길을 돌리도록 부추긴다.

소식을 위한 1인분이란 식당식 1인분이 아니고 가정식 1인분이다. 그리고 그보다도 조금 적은 양이 될 것이다. 나는 소식 훈련을 위한 처음 단계로 집에서 식판에 덜어먹었다. 그것도 어른 식판이 아닌 어린이용 식판. 다이어트 일기를 쓰며 칼로리에 맞춰 정한 만큼, 무게까지 재서 그에 맞는 음식만 덜어놓고 먹었지 절대로 반찬통을 내놓고 먹는 일은 없었으며 더 꺼내 먹지도 않았다. 식탐 때문에 굉장히 어려울 것 같지만 천천히 먹는 것만 반드시 지키면 포만감이 느껴지므로 더 꺼내지 않게 되더라. 지금은 식판 따위 내다버렸다. 그런 거 없어도 양을 잘 지킨다.

적게 먹는 것을 보게 되는 주변 친구들이 물을 것이다. "그렇게 먹어서 배가 부르냐?" 음식은 배부르고자 먹는 것이 아니란 걸 늘 상기시켜야 한다. 무슨 조선시대, 구한말, 혹은 전쟁 중도 아닌데, 음식이 넘쳐나는 세상에서 무식하게 배불릴 필요가 도대체 뭐가 있을까. 한 끼 먹고 불과 7시간도 안 돼 다음 식사를 할 수 있고, 그 사이에 간식이란 것도 존재하는데 말이다.

현대사회에서는 배불리 먹겠다는 생각 자체가 미련한 것임을 깨달아야 한다. 아침 많이 먹고 그것이 다 소화되기도 전에 점심 많이 먹고, 또 그게 다 소화되기도 전에 저녁 많이 먹고 역시 소화 안 된 상태에서 잠자리에 드는 생활을 10년 넘게 했다. 배고픔은 느꼈어도 진정으로 뱃속이 비어 있다는 느낌을 받은 적은 한 번도 없었던 것 같다. 그러나 습관이 고쳐지고, 뱃속이 빈 것도 느껴지고 속이 비었을 때의 그 가벼운 몸의 기운을 느껴보니 그렇게 상쾌하고 좋을 수가 없더라. 라이프스타일을 바꾸며 바뀐 후의 몸 상태를 민감하게 살피고 그것을 즐겨라. 습관을 바꾸는 데 기폭제가 되어줄 테니.

소식을 권하면 간혹 열정적인 사람들 중에는 밥 2분의 1을 성공하기도 전에 3분의 1을 욕심내는 경우가 있다. 더 빨리 살을 빼고 얼른 평소 식사량대로 다시 돌아가야겠다는 기대로 무리한 다이어트에 박차를 가

한다. 그런 어리석은 생각은 접고, 반드시 다이어트 일기를 쓰며 자신의 평소 양을 인지한 다음, 날씬한 사람들의 평소 정상식으로 돌아가라.

가만 보면 날씬한 친구들은 잘만 먹는다. 과식도 서슴지 않는다. 나도 오랜 세월 그렇게만 알고 있었다. 실제로 나의 날씬한 친구들도 그렇게 잘 먹었으니까. 결코 나에게 뒤처지지 않는 식사량으로 말이다. 그러나 그들과 좀 더 오래, 깊게, 밀착하여 살펴보면서 깨닫게 되는 바가 많았다. 굳이 남들 앞에서 많이 먹는 척하려는 것이 아니라 그냥 편안하게 평소 모습들대로 밖에서 사람들과 어울려 잘 먹는다. 그런데 잘 먹는 것이지 결코 끊임없이 많이 먹지 않는 것을 쉽게 발견할 수 있다. 자주 먹더라도 한 번에 많이 못 먹는 경우가 흔하며, 한 번에 많이 먹게 된 경우는 그것이 비록 점심식사였다 하더라도 그것으로 하루를 끝내는 경우도 많았다. 저녁을 많이 먹었으면 다음날은 샐러드 위주의 가벼운 식사를 찾기도 했다. 억지로 몸매를 위해 신경 쓴다기보다는 몸이 저절로 그런 음식들을 찾는다는 느낌을 많이 받았다. 음료나 케이크도 즐기지만 결코 많이 먹는다는 느낌을 받은 적이 없다. 대부분은 많이 먹으면 적당한 틈으로 하루 두 끼 정도를 먹고, 그게 아니면 적은 양을 서너 번에 걸쳐 먹더라는 것!

무엇보다 살찐 사람들만큼의 식탐이 없는 경우가 대부분이었다. 때문에 밖에서 친구들과 어울려 식사를 하게 되면 많이 먹는 것 같지만 혼자 집에 있을 때는 굳이 맛있는 걸 챙겨먹는 식탐도 거의 없다보니 외출을 안 하는 것만으로도 살이 빠지고, 쉽게 예전 몸무게로 돌아가는 참으로

희한한 부류들이 실제로 있더라. 물론 엄청 먹는데도 진짜 마른 몸을 유지하는 부류도 있긴 있다. 이런 경우는 대부분 대사장애라고 의사선생님들이 입 모아 얘기한다. 극히 드문 케이스이기도 하고.

허리가 누군가의 허벅지 같은, 허벅지가 또 누군가의 종아리 같은 아이돌 스타들이나 런웨이를 주름잡는 톱모델들의 식사와 운동량은 언론보도를 통해 확인해서 알지 않나. 그런 몸매는 타고나지 않는다. 제 아무리 타고 난 몸매라도 소식을 넘어서 비정상식으로 보일 정도까지 식사를 하며 몸관리를 해야 그 정도 몸매를 유지한다. 앨범활동이 끝나 잠시 여유를 가지면 그들도 우월한 마른 몸을 접어두고 평범한 날씬 몸매 정도로 돌아올 뿐이다. 남들의 갖은 노력을 타고난 것으로 치부하지 말고, 나의 게으름과 미련함을 일반적인 것으로 합리화시키지 마라. 날씬하고 싶다면, 날씬하다는 말을 듣고 싶다면!

다이어트에서는 먹는 음식의 질이 중요한 것도 사실이다. 살이 덜 찌는 것으로 가려먹어야 한다는 걸 모르는 사람은 없을 거나. 흔히 치킨, 피자, 햄버거, 케이크, 라면 뭐 이런 것들은 다이어트 중에 절대로 먹어서는 안 될 음식들로 꼽는데, 다이어트할 때 절대 먹어서는 안 되는 음식은 없다. 무얼 먹고 안 먹고의 문제가 아니라 얼마나 먹느냐의 문제다. 그것이 다이어트의 승패를 좌우한다.

질을 바꾸려고 하기보다 먹는 양부터 조절하려고 애써라. 최고의 다이어트 식단을 고집해도 그 양이 많으면 결코 살이 빠지지 않는다. 뺀다한들 그 식단대로 평생 먹을 것이 아니라면 요요현상이 일어나고 만다.

그러나 먹고 싶은 메뉴만으로 식단을 구성해도 양만 적으면 살은 빠진다. 양을 줄이는 습관을 통해 완전히 다른 식습관을 가지게 되면서 무엇을 먹든 조금 먹는 사람이 된다. 그런 사람이 되어야 요요를 만나지 않을 수 있다. 호텔 뷔페에 가도 난 이제 긴장하지 않는다. 많이 먹고 다시 살찔 일이 없다는 것을, 완벽히 줄어든 식사량을 통해 이미 몇 년 동안 확인했으니까. 앞에 앉은 사람들이 쉬지 않고 먹어도 내 양만큼 먹고 가장 먼저 수저를 내려놓을 수 있는 사람이 되었으니까.

또한 다이어트 중에 야식은 절대적으로 피해야 하는 것이라고 생각하는 사람들이 많다. 어쩌다 야식을 먹게 되면 잘해 오던 다이어트를 실패한 것이라 생각해 스스로 흐름을 완전히 깨버리고 나중에 새롭게 시작해야지 하면서 운동도 식이요법도 포기한 채 또 살아간다. 나도 다이어트 성공 이후 야식을 두려워했다. 먹고 자는 것은 곧 살로 가는 거라고 생각했기에 다이어트 목표달성 이후 2년이 지난 어느 해부터 1년 넘게 일 때문에 본의 아니게 매일 밤 10~12시 야식을 먹는 일이 계속되자 나의 두려움은 극에 달했다. 더욱이 야식메뉴가 샐러드는 아니잖아. 당연히 남들 다 먹는 그런 야식 메뉴들이었다. 그런데 이상한 건 살이 찌겠지, 분명히 쪘겠지라고 생각하는데 정작 늘 입던 옷은 작아지지 않더라고. 급기야 잘 재보지 않던 몸무게를 체크했다. 수개월에 걸친 야식 후에도 몸무게 변동은 없었다. 이것은 단지 나의 경험뿐만이 아니다. 다이어트에 일찍이 성공한 나의 지인들이 입 모아 증언하는 바다.

'밤'에 먹어서 문제가 되는 것이 아니라 낮에 먹을 것 다

 디스 이즈 다이어트 THIS IS DIET

 하루 전체 식사량의 문제지 양만 적으면 밤에 먹어도 살 안 찐다. 하루 식사량 내에서 시간대만 변경하여 밤에 먹으면, 밤이라고 해서 절대로 더 찌지 않는다. 간혹 먹는 시간대를 따져 밤에 먹으면 무조건 살찌고, 낮에는 얼마든지 많이 먹어도 된다고 생각하는 사람들이 있는데, 저녁 6시 이후로 아무것도 안 먹는다한들 낮에 과식 또 과식하면 몸무게는 늘어나게 되어 있다.

물론 나는 야식을 강력하게 반대한다. 지금도 스스로 야식을 하지 않기 위해 바빠도 가능하면 7시쯤에는 저녁을 먹고자 애를 쓴다. 이렇게 야식을 거부하는 건 몸무게 증가를 두려워해서가 아니다. 단지 그렇게 늦게 먹고 잠들면 소화에 무리가 오고 아침에 너무나 몸이 무겁고 피부에 트러블이 쉽게 올라오기 때문이다. 하루 종일 움직였던 소화기관도 쉬어줘야 몸도 피부도 건강해진다. 밤에 먹는 습관은 몸을 쉽게 지치게 하고, 다이어트를 제대로 할 수 있는 탁월한 컨디션의 기본베이스가 깨지게 만든다

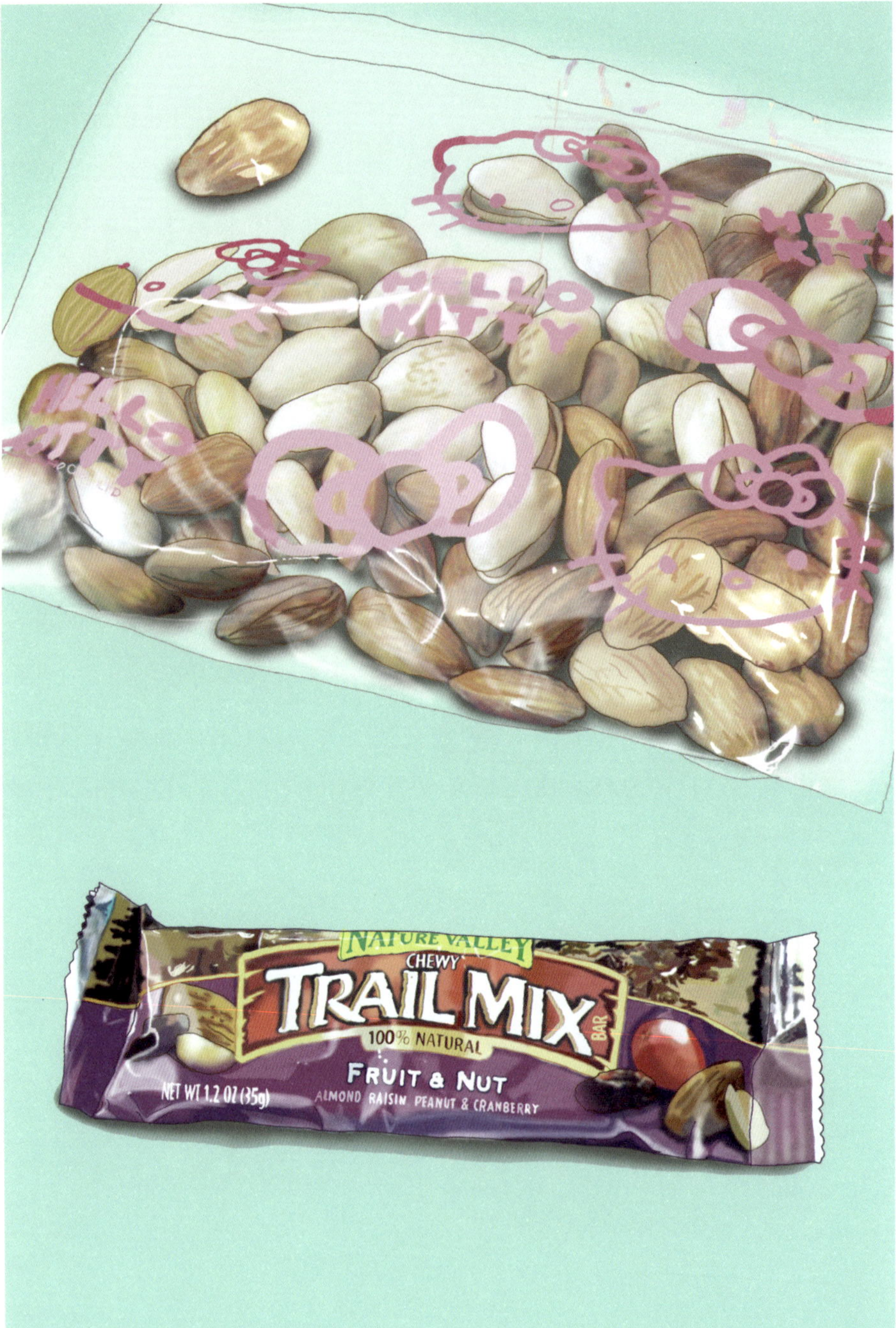

NATURE VALLEY
CHEWY
TRAIL MIX
BAR
100% NATURAL
FRUIT & NUT
ALMOND RAISIN PEANUT & CRANBERRY
NET WT 1.2 OZ (35g)

다이어트를 위해서는 무엇보다 적게 먹어야 한다는 건 누구나 다 잘 알고 있다. 내가 강조하는 다이어트 일기쓰기, 천천히 먹기도 결국 보다 효과적으로 적게 먹기 위한 방법들일 뿐이다. 과식하지 않는 것, 과식 습관을 교정하는 첫번째는 뭐니뭐니해도 천천히 먹는 것이지만, 그만큼 중요한 것 중 하나가 바로 '나를 절대로 굶기지 않는 것!'

배고픔을 오래 방치해서는 절대로 안 된다. 허기진 상태로 나를 내버려두면 안 된다. 배고픈 시간이 길어지면 그 후 음식을 접했을 때 백발백중 허겁지겁 먹게 된다. 본능이 앞서기 때문에 천천히 먹으려고 노력을 해도 조절하기가 상당히 힘들다. 빨리 먹으니 당연히 배가 차 올라오는 느낌을 느낄 새도 없이 아주 자연스럽게 과식하게 되는 것이다. 그리고 시간이 지나 배부름을 느낌과 동시에 밀려오는 후회.

너무 바쁘거나 혹은 게을러서 등 여러 이유로 식사시간을 지키기 어려울 때도 뭐든 먹어 위를 달래줘야 한다. 고구마 한입이라도 먹어주고 아니고의 차이는 엄청 크다. 다음 식사 때 사람답게 밥을 먹느냐 짐승처럼 들이 마시느냐를 결정하기 때문이다.

제때 먹고 싶은데 직업상의 이유로, 뭐 기타 알 수 없는 여러 가지 이유로 배고픔에 젖어 있어야 하는 사람들이 있다. 나의 경우, 그 어느 순간에도 허겁지겁 먹지 않기 위해 촬영장에서도 스스로를 굶기지 않고 뭐라도 주섬주섬 먹지만, 아카데미 강의는 개인 스케줄 때문에 하루에 두세 클래스씩 모여 있어서 음식을 먹은 후 강의를 할 때가 있다. 그게 너무 힘들어 자꾸 굶고 몰아서 먹다보니 근래에는 몇 년 만에 갑자기 허겁지겁 먹고 있는 나를 발견! 이러다 일 나겠다 싶어 다시 잘 조절하고 있다. 가급적 조금이라도 먹고 수업에 들어가려고 하고 식사를 할 때는 의식적으로 더 천천히 먹기 위해 신경 쓴다. 나처럼 도저히 규칙적인 식사를 할 수 없다면, 적은 양의 음식 혹은 제대로 된 간식 부스러기를 중간중간 섭취해주는 것이 배고픔에서 벗어나는 좋은 방법이다!

즉 똑똑한 군것질이 필요한 것이다. 군것질이라고 하면 다이어트 중에 절대로 멀리해야 할 것으로 여기지만, 난 군것질을 통해 과식습관을 완벽히 교정했다. 천천히 먹는 것은 어느 정도 되는데, 내가 먹고 싶을 때 먹을 수 없는 현실. 지금의 어정쩡한 강의시간도 나의 식습관을 위협하지만, 연예인들 따라다닐 때는 그들의 스케줄이 정말 식습관 망가뜨리기에 최고였다. 게다가 그때는 살을 뺀 상태였지만, 다이어트를 완벽히 성공했다기보다는 요요를 두려워하던 때라 정말 짜증나 미치는 줄 알았다. 밥을 제때 먹을 수 없기에 일이고 뭐고 그냥 미래를 다 포기할 뻔했다.

밥때를 놓치니 배고픔은 극에 달하고 허기진 상태로 음식들을 마주하니 천천히 먹기 위해 그동안 쌓은 갖은 노력들이 정말 물거품이 될 뻔했다. 평소보다 빠른 속도로 식사를 하게 되고 배부름의 신호도 늦게 찾아왔다. 물론 예전에 비하면 한참 늦게 먹긴 하지만 확실히 제때 혼자 먹을 때와는 많이 다른 속도. 다행히 몸무게는 늘지 않았으나 배고픔에 허겁지겁 먹는 그 행동과 기분이 너무나도 싫어 또 하나의 방법을 찾게 된 거다.

그것은 바로 군것질하기!

다이어트할 때 절대 금기시해야 하지만 나는 군것질을 이용해 과식교정에 마침표를 찍었다. 군것질은 언제 하느냐가 가장 중요하다. 일반적으로 군것질을 즐기는 사람들은 군것질거리를 입에 달고 사는 습관이 있다, 수시로 주전부리가 생각나고 집이든 회사든 눈에 띄면 그냥 지나치지 못하는 그런. 나는 천천히 먹는 식사를 시작한 후로 군것질거리를 입에 달고 사는 습관은 버렸다. 그리고 정말 배고플 때 군것질거리를 찾았다. 즉 간식!

워낙 먹을거리가 넘쳐나는 세상이라 왕창 사다놓고 닥치는 대로 손가는 대로 먹는 습관, 상당히 문제가 있다. 쇼핑카트부터 살을 빼야 한다. 대형마트 쇼핑을 가면 군것질을 좋아하는 아빠와 난 항상 스낵코너로 달려가 대용량 쿠키류부터 차곡차곡 카트 안에 쌓는다. 많이 담을 수 있도록 밑바닥부터 반듯하게! 그러나 그건 과자류의 유해성에 대한 인식이 없었을 때의 일. 유해성을 알고 나서는 엄마가 절대로 과자류를 사지 못하게도 하지만 나 스스로도 카트에 담지 않는다. 과자가 너무 먹고 싶어 미칠 정도가 되면 나의 고질적인 귀차니즘은 완벽히 사라지고 편의점까지 혼자 걸어가서도 사오는데 굳이 코앞에 쌓아두고 먹는 미련한 짓을 하지 않겠다는 생각에서다. 그때에도 한 번에 두 개 이상 구입하지 않고, 많이 구입해서 쌓아두지 않는 것을 원칙으로 한다. 또한 손가는 대로 먹지 않기 위해서는 눈에 띄는 곳에 과자들을 놓지 않도록 하고, 심심풀이가 아니라 오직 배고픔을 조금 달래주기 위한 목적으로, 그리고 아예 식사를 대신할 군것질만 허락하도록 한다.

봉지과자 같은 경우는 사실 군것질거리가 아니라 식사거리다. 다들 잘 알다시피 한번 열면 멈출 수가 없기 때문에 군것질거리로는 좋지 않다. 배고픔을 달래기 위해 먹는 것치고는 너무 많은 칼로리를 섭취하게 되고 너무 많은 양을 먹게 되기 때문이다. 배고픔과 허기를 달래주는 간식으로서의 조건은 일단 소량 포장되어 있는 것, 그리고 낱개로 먹을 수 있고 칼로리가 높지 않은 것이어야 한다. 여기에 필수영양소를 함유하고 있다면 금상첨화.

대표적인 간식거리로는 견과류. 견과류 좋은 거야 다들 알지만 견과류 챙겨먹기가 어디 그리 쉬운가. 나는 소금기 없는 믹스너트를 구입해 가장 작은 사이즈의 지퍼백에 넣어 가방도 아닌 주머니에 쑤셔넣고 다녔다. 일하다가 너무 배고픈데 아무것도 먹을 수 없을 때 비굴하게도 선배님들의 시선을 피해 구석탱이에서 동료들과 주섬주섬 꺼내먹다가 또 넣어두곤 했다. 현장에서 선배도 먹지 않는데 후배 주제에 뭔가를 먹는다는 건 사실 있을 수 없는 일이었다. 그러나 난 절대로 굶으면 안 되니까.

집에서는 주로 고구마를 간식으로 먹었다. 아빠가 고구마를 너무 좋아해서 1년 내내 고구마가 끊이지 않게 구워지는 집이다. 매우 허기져서 들어가거나 배고픈데 당장 먹을 것이 없을 때 늘 식탁 위에 놓여 있는 고구마 반 개 정도를 먹고 허기를 달랬다. 베리류도 좋고 저지방우유나 저지방요구르트, 저지방치즈도 도움이 된다. 칼슘은 소식할 때 떨어지는 신진대사율을 정상으로 유지시켜주기 때문에 지방연소율을 높이고 새로운 지방세포 형성 속도를 늦춰준다. 두유를 먹기도 했고, 할인할 때 크래미를 잔뜩 사서 냉장고 야채칸에 가득 담아두고 간식으로 먹었다. 한번은 아빠가 크래미를 꺼내드셨는데, 다이어트 때문에 예민했던 나는 "내 간식 왜 먹냐"며 투덜대기도…… 과식 주저 하면에 믿음 비쳐 있었으니 먹을 것 앞에서 부모도 못 알아보는 짐승보다 못한 내가 아니었나 싶다.

그리고 또 하나! 자동차에 늘 챙겨두고 제시간에 밥 먹기 힘들 때 이동하면서라도 즐기는 밸런스바!

밸런스바의 매력을 깨달은 나는 서울 땅에 살면서 구해 먹을 수 있는 국내외 밸런스바는 다 찾아먹고 다녔다. 내가 가보지 못한 나라에 지인이 여행이라도 가면 밸런스바 좀 사오라고 주문도 했었다. 밸런스바 선택 시 내가 중요시하는 것은 일단 맛! 난 더 이상 다이어트에 대한 욕심이 없다. 그저 몸무게를 유지하는 것뿐이고, 운동을 통해 현재 몸을 더 건강하게 만드는 것이 목표일 뿐. 즉 다이어트 때문에 맛없는 것을 억지로 먹을 생각은 없다. 가뜩이나 이래저래 밥 못 챙겨먹을 때 허기 채울 간식거리인데 칼로리 적다고 맛없는 것 먹어봐야 욕구불만만 쌓인다. 그래서 맛있어야 한다. 물론 내 입맛에만 맛있으면 된다. 그다음은 원재료! 원재료가 저질이 아니어야 한다. 인체에 유해한 식품첨가물이 들어 있지 않은 것. 그리고 밀가루 함유량도 살펴야 한다. 말이 밸런스바지 그냥 몇 가지 견과류에 건과일 같은 거 조금 넣고 밀가루 반죽에 뭉쳐서 만들어진 게 얼마나 많은지. 밸런스바라기보다는 그냥 밀가루 함유량을 조금 낮춘 빵과 별반 다를 것이 없다는! 나는 밀가루가 안 들었거나 거의 없는 밸런스바만 먹는다. 같은 칼로리라도 밀가루보다는 견과류로 섭취하길 원해서다. 그래서 가장 즐겨 먹는 것이 내 최고의 간식 '네이처밸리 트레일믹스바'. 칼로리가 높지 않고 견과류 위주이며 단맛도 있어서 배고픔을 달래는 동시에 과자에 대한 욕구도 감소시켜 준다.

다이어트를 시작해 식사량을 줄이면서 '천천히 먹기'를 아주 잘 해나가고 있는데도 힘든 것을 느낄 때가 있다. 배고픈 몸이 아니라 심적으로. 그래서 위장이 차 있어도 뭔가 항상 허기짐을 느끼는데, 그때 바로 앞서 말한 간식들을 조금씩 먹어주면 허한 마음이 해소가 된다.

내가 절대로 굶지 않는 또 하나의 이유가 있다면 근육 손실에 대한 두려움 때문이다. 과거에는 다이어트를 위해 좀 굶었음 좋겠다고 생각하면서도 굶기가 힘들어서 괴로워했다면 이제는 굶을 기회가 오고 굶을 수 있어도 굶지 않으려 애를 쓴다. 굶으면 지방도 소모되지만 근육이나 수분의 손실이 커서 타고나기를 근육이 부족한 나에게는 최악의 다이어트법이다. 근육을 만들려면 남들보다 몇 배는 고생해야 하는데, 굶어서 슬림해지려고 하면 눈에 띌듯 말듯 살짝 슬림해지는 대신 몸매는 점점 더 망가진다. 무조건적인 가늘기보다 나올 때 나오고 들어갈 때 들어간 쉐입을 원한다면 절대로 굶지 말아야 한다.

Salt

05

화학조미료의 유혹, 장금이의 미각을 찾아라
diet

다이어트할 때 소금과 화학조미료를 멀리할수록 살이 좀 더 쉽게 빠진다. 짭짤한 음식은 모두 밥도둑. 배가 부른데도 불구하고 자꾸 더 먹게 만드는 김이나 스팸 등은 아예 밥상 위에 놓지 않았다. 다이어트로 몸무게를 줄이고 유지한 지 6년 가까이 되었지만 시금노 스팸는 잘 안 먹는다. 어쩌다 친구집에나 가서 식탁 위에 올라오면 입은 대지만 내 손으로 식사를 준비할 때 스팸을 구워본 적은 없다. 가끔 선물 들어오는 스팸세트는 자취하는 친구들이 놀러와 다 가져간다.

우리 가족 다섯 식구는 다들 정말 잘 먹는다. 솥에 삶는 것이라면 개고기랑 빨래 빼고는 다 먹지만 싱겁게 먹는 식습관을 갖고 있다. 물론 여동생이 짭짤하고 자극적인 것에 익숙해 그런 음식들을 좋아하지만 집에서는 별수가 없다. 엄마가 평생 조미료를 사용하지 않고 싱겁게 조리하시니까.

흔히 자극적인 음식에 익숙해지면 끼니마다 그런 음식들이 먹고 싶어지는데, 그런 류의 음식들은 대부분 고칼로리라 체중조절에 어려움이 크고, 식탐이 많은 사람들은 배가 불러도 수저를 내려놓기가 쉽지 않다. 더욱이 앞에 놓인 음식이 혀끝만 갖다 대도 입에 착착 붙는 맛을 자랑한다면 정말 장사 없다. 그 착착 붙는 맛을 조장하는 것이 보통 소금, 설탕, 화학조미료다. 때문에 이런 것들이 들어 있지 않은 음식을 먹었을 때 맛있고 만족스런 입맛으로 바꿔간다면 식사량 조절은 더 쉬워지고 몸과 피부도 건강해진다. 물론 다이어트는 더욱 쉽게 되고 유지관리도 쉬워진다.

소금의 하루 평균 적정 섭취량은 5그램이다. 그런데 한국 사람들은 보통 이것의 세 배를 먹는다. 반찬은 최대한 싱겁게 하더라도 기본적으로 국과 찌개류를 즐기기 때문에 소금 섭취량 줄이기가 쉽지는 않다. 고혈압, 심장병, 위암 발생의 위험이 있다는 건 어렸을 때부터 귀에 딱지가 앉도록 들었지만, 위험할 뿐이지 내가 걸리지 않았기에 사실 와닿지는 않는다. 게다가 짠 음식을 싫어하는데도 라면과 감자칩은 어찌 그리 맛있단 말인가. 정말 라면을 좋아하지만 조미료와 소금 때문에 참는다. 억지로 참아보니 매일 끼니마다 라면 생각뿐이고 언젠가는 폭발해서 라면을 흡입하고 있는 나를 발견하게 되더라. 그래서 먹고 싶어 미칠 것 같을 때는 그냥 라면 먹는다. 그러나 가급적 먹지 않기 위해 다른 좋은 음식들을 더 열심히 때맞춰 챙겨먹는다. 나는 이미 식사량을 적정수준으로 줄였고 그것을 유지하고 있기 때문에 다른 건강한 음식으로 배가 불러버리면 더 이상 라면이 생각나지 않는다. 말 그대로 "줘도 못 먹겠네"가 되는 것이다.

평소 음식을 얼마나 짜게 먹느냐에 따라 차이는 있지만, 다들 '짠맛'은 안다. 그런데 짜고 싱거운 맛은 다들 알면서도 의외로 조미료 맛을 알고 있는 사람은 흔치 않다. 사실 나도 다이어트 전에는 조미료 맛을 잘 몰랐다. 엄마는 화학조미료를 쓰지 않고 음식을 해주셨지만 친구들과 외식하는 일이 잦다보니 조미료를 자연스럽게 먹게 된 것 같다. 다행히 집 음식이 싱거워 밖에 나가면 짠 것은 잘 못 먹는다. 원래도 소금은 적게 먹는 편이었는데, 다이어트를 하면서 국물요리를 끊다보니 이제는 국과 찌개도 즐기지 않아 더욱 소금과 멀어졌다. 그런데 화학조미료로 맛을 더한 외식메뉴들은 어찌나 맛있는지, 다이어트 전에도 맛있었고 몸무게를 유지하고 있는 지금도 맛있다. 나도 여느 젊은 친구들처럼 집밥보다 외식메뉴가 더 생각나고 입맛당기는 일이 잦아졌다. 그러나 차이가 있다면 이제는 조미료 맛을 알고 먹는다는 것.

다이어트를 조금 무리하게 했을 때 외식을 100퍼센트 끊었었다. 그렇게 몇 달이 지나 바깥음식을 먹었을 때 그 느끼함. 이것은 기름에 튀긴 음식이나 치즈의 느끼함이 아니다. 말로 설명할 순 없지만 혀에서 느껴지는 역함이 있더라. 그때 알았다, 그것이 조미료 맛이라는 것을. 그리고 조미료를 더 넣거나 좀 덜 넣는 집이 있다는 것도 느낄 수 있었다. 그 걸 알고부터는 외식을 할 때 식당을 가린다거나 메뉴를 가려서 먹고 최 대한 절제를 하게 되더라고. 억지로 절제하는 것이 아니라 조미료에 대 한 거부감이 커져서 자연스럽게 덜 먹으려고 노력하게 되더라는 것.

화학조미료 좋지 않은 건 잘 알고 있었지만 눈에 보이지 않는 것이기 에 내 입으로 들어간다는 느낌이 없었던 거다. 그런데 그 맛이 느껴지니 마치 내가 독을 희석해서 먹고 있는 듯한 기분? 그때부터는 외식 횟수 조절이 훨씬 쉬워지더라는 것. 그리고 무엇보다 배부름 없이 칼로리만 높은 소스류와 멀어지게 되었다. 소스류에는 기본적으로 소금, 설탕, 조 미료가 많이 들어간다. 생각만 해도 군침 돌던 소스류가 점점 싫어지면 서 스테이크도 샐러드도 더 담백하게 먹게 되었다. 조미료의 진짜 맛을 알게 되면 담백하게 먹게 되고, 그렇게 되면 식재료의 맛을 좀 더 강하 게 느끼게 된다. 음식의 참맛을 알게 되어 흔히 얘기하는 풀반찬만 먹어 도 뭔가 만족도가 높은 식사가 되더라고.

다이어트 초기 3개월은 가급적 외식을 끊고, 싱거운 반찬과 화학조미 료 없는 반찬으로 먹어라. 그 식습관에 익숙해진 후 외식을 하면 조미료 맛이 화~악~ 느껴질 거다. 일단 미각이 조미료 맛을 읽을 수 있는 경지 에 이르러야 한다.

요요 후 다이어트를 다시 시작한 건 방학 때였는데, 나는 천천히 먹는 습관을 들이면서 가정식 위주로 아주 싱겁게, 정말 생명에 지장이 없을 정도의 소금만 먹었던 것 같다. 그리고 두어 달이 지나 방학이 끝났고,

개강과 동시에 학교 앞 식당에서 친구들과 밥을 먹었다. 그런데 그전까지 잘 먹던 여러 찌개들이 역하게 느껴지기 시작해 절반도 못 먹고 수저를 내려놓았다. 엄마가 늘 말해오던 조미료의 그 '느끼함, 텁텁함……?' 말로 설명할 수 없는 그 역함이 뭔지 난 느꼈고, 비로소 내 미각이 정상으로 돌아왔다고 생각했다. 나는 지금도 몸에 나쁜 음식을 좋아한다. 어쩐지 더 맛있다. 그런데 내 친구들은 내가 몸에 좋은 음식만 찾아 먹는다고 생각한다. 그것은 가급적 더 좋은 재료, 좀 더 건강한 음식을 찾아 먹으려고 노력하는 모습을 많이 보였기에 그렇게 받아들여진 듯싶다. 실제로 내가 좋아하는 음식들은 흔히 몸에 안 좋다고 하는 것들이다. 나는 그런 것들이 여전히 좋지만 다섯 번, 열 번 먹을 거 한 번 먹고 만족한다. 100퍼센트 끊겠다고 한 건 아니지만 끊은 것과 마찬가지로 완전히 안 먹게 된 음식들도 엄청나게 많아졌다.

아무래도 가장 큰 수확은 채소가 맛있어졌다는 것이다. 미각이 살아나며 양념 없이 먹는 두부의 제맛이 맛있어진다. 고소하다. 풀반찬과 채소류는 많은 사람들이 육류에 비해 꺼리거나 덜 좋아하는 것들이다. 나역시도 마찬가지였는데, 지금은 드레싱 없이도 샐러드를 아주 잘 먹을 정도의 입맛으로 변해버렸다. 지금도 난 조미료 전혀 없이 요리를 한다. 필요하면 천연재료를 이용해 육수를 우려내거나 온라인 정보를 뒤져 천연조미료를 만들어 먹는다. 천연조미료가 준비되지 않은 곳으로 여행을 가서 요리를 하게 되면 맛선생이나 산들애 같은 웰빙조미료를 주로 이용하는 편이다.

심지어 설탕도 꺼리는 내가 되었다. 설탕은 내장지방을 증가시키고, 심장병은 물론 만성질병, 생활습관병의 원인이 된다. 설탕을 적게 먹으려고 하는 사람은 많다. 왜 줄이려고 하는가? 그냥 무조건 나쁘다니까??

난 딱 한 가지 이유다. 현대인이라면, 특히 젊은 직장인이라면 커피부터 시작해 설탕이 많이 들어간 단 음식을 권장량 이상 꾸준히 섭취할 수밖에 없는 현실 속에 살게 된다. 이렇게 설탕을 기준치 이상 늘 먹게 되면 콜라겐과 엘라스틴이 약화되어 30대 초중반부터는 그렇지 않은 사람보다 피부노화가 빠르게 진행된다. 피부노화. 나는 이것이 가장 싫다. 그렇지 않아도 트러블이 쉽게 생기는 피부이기 때문에 주름과 탄력저하에 더 취약할 수밖에 없다. 물론 나도 사람이기에 아예 안 먹지는 않는다. 지금도 과자, 빵, 케이크류의 음식들을 좋아하지만 과거에 비하면 먹는 횟수가 30분의 1 수준으로 줄어들었다. 대략 5~6시간을 한자리에 앉아 글을 쓴 뒤 스트레스가 느껴지면서 집중력이 흐려지면 단음식이 먹고 싶어진다. 그럴 때 열 번 중에 한 번 내 돈 내고 단 음식을 사먹는다. 그 외에는 내 돈 주고 사먹는 일은 없고, 케이크 선물을 많이 받는 편이라 그때마다 함께 있던 사람들과 나눠먹으면서 나도 먹게 되는 정도?

이런 습관과 원칙 아닌 원칙이 생겨서인지 맛있는 간식이 눈앞에 있어도 유혹에 빠지지 않고 '밥 먹어야지~'라고 생각할 때가 많아졌다. 먹을 것 다 챙겨먹고 간식까지 또 챙겨먹던 시절은 완벽하게 지나갔다.

06

내 몸에 닥친 재앙, 식이장애 고치기
diet

| 이제야 밝히는 내 몸의 비밀 |

중2 신체검사 때 키 163.9센티미터를 찍고 그 후로 더 이상 자라지 않았다. 몸무게만 폭발적으로 늘었을 뿐. 초등학교를 졸업할 무렵까지 간신히 40킬로그램대를 유지하다가 중2 신체검사 때는 58.2킬로그램이니 탄생 이후 최대 수치를 기록한 뒤 내 몸은 수년간 58킬로그램에서 굳어 있었다. 단 한번도 60킬로그램은 밟아보지 못한, 고도비만자의 슬픔과 고통은 모르는 '과체중자'였기에 고도비만 언니들이 다이어트 얘기하실 때는 난 겸손한 소녀가 된다.

그러나 나도 할 말은 있다. 언니들도 살 빼 보셔서 아시겠지만요, 신나게 빼다가 갑자기 만족이 찾아오면서 안이해지기 시작하는 게 58킬로그램이 아닙니까. 78킬로그램은 간혹 취업당락도 좌우하지만 58킬로그램은 몸매로 어필하는 직업이 아닌 다음에야 취업도 잘 된다. 미니스커트, 비키니 같은 본인의 욕심만 버리면, 적당히 포기하고 살아도 전혀 지장 없는 몸무게다. 요 상태에서 얼굴만 뽀얗고 반반하면 통통녀 취향을 가진 남자들까지도 줄줄 따른다. 그래서 그런지 주변 고도비만 친구들이 쉬지 않고 달리다 갑자기 다이어트를 멈추는 순간이 대부분 58킬로그램 즈음이다. 50킬로그램대를 밟았다 이거지. 다이어트가 너무 힘드니까 초반 시작할 때의 목표와는 아직도 한참 먼데 대대대대만족이 찾아온다. '이만하면 됐지 머' 하루아침에 과욕을 모르는 선비가 되어버린다. 내가 그 마의 58킬로그램으로 중고교 시절을 다 보낸 뒤 그 몸무게 그대로 대학생이 되다 못해 다이어트 이후 요요현상으로 돌아온 몸무게가 또 58킬로그램이었으니…….

피부와 식습관, 피부와 생활습관의 관계에 대해 쉽게 접할 수 있는 정보들이 요즘만큼 많지 않았기 때문에 피부야 어찌되든 나는 평생을 먹고 살아온 습관대로 하루 네댓 끼 꼬박 과식을 하고 간식으로 과자, 튀김류, 밀가루 음식을 빠짐없이 챙겨먹었다. 대학 1학년 때는 가족들이 서울로 이사 오기 전이라 직접 밥을 챙겨 먹어야 했는데, 혼자 살아본 사람들은 알겠지만 대학 1학년이 하루 세 끼 꼬박 챙겨먹기가 쉬운 일은 아니다. 그러나 그때까지 살면서 아침식사를 거른 적이 단 한 번도 없었기에 정신없는 와중에도 아침은 다 챙겨먹고 학교를 갔다. 또 당시에는 주 3일 술을 마시던 때라 소주도 두세 병 정도씩은 영양제 먹듯 열심히 챙겨먹었다. 휴학을 한 뒤로 주량은 날로 늘어 양주 한 병쯤은 기본이요

못 마시던 맥주까지 무제한으로 들이붓게 되었다. 당시 나는 여전히 키 163.9센티미터에 몸무게 58킬로그램.

나도 날씬해지고 싶다는 생각은 늘 했지만 비만 혹은 과체중이라는 건 생각해보지 않았다. 나 정도 키에 58킬로그램이라는 몸무게는 결코 날씬하다는 소리는 못 듣고 살지만 어디 가서 뚱뚱하다는 소리 또한 안 듣고 살만한 교활하고 가식적인 사이즈다. 체형에 맞게끔 옷만 잘 차려 입으면 옷으로도 대충 가려지는 몸매이기 때문에 (물론 슬림한 원피스 따위 꿈도 못 꾸지만) 다이어트에 대한 스트레스가 크지 않고 필요성을 느끼지 못하는 경우도 많다. 그러나 미니스커트, 비키니, 타이트한 옷과는 담을 쌓은 채 현실에 안주하여 어영부영 20대를 넘겨버리고 마는 무섭고도 안타까운 체형이다.

최고로 많이 쪘을 때가 59킬로그램이고 단 한 번도 60킬로그램대는 밟아보지 못했기에 그 정도 가지고 무슨 다이어트 얘기를 하냐고 고도비만녀들은 비웃을지 모르나 진짜 빼기 힘들고 안 빠지는 단계는 58킬로그램부터다! 더 안 빠지는 단계는 53킬로그램이다. 더 무서운 건 164 정도에 58이면 어디 가서 뚱뚱하단 소리 듣지 않고 옷으로 대충 가려지니 다이어트의 필요성을 크게 못 느낀다는 점이다.

고도비만이라면 비만을 의식은 한다. 그러나 과체중은 본인이 의식조차 못한 채 돼지 같다는 소리 한 번 안 듣고 시간이 지나가는지도 모르게 스스로 만족하며 살게 되는 무게다. 그러다 스스로를 인식하게 되는 순간이 오면 그때는 이미 좋은 시절 다 지나가고 난 후라는 것. 비만녀가 갑자기 초날씬녀가 되어 나타나는 일은 종종 있으나 과체중이 초날씬녀로 급변하는 경우가 드문 것도 같은 맥락이다. 요즘엔 마른 체형이 날씬하다고 인정받는 시대이기에 다이어트 시도야 많이 하고 빼고 싶어 도전은 계속하지만, 고도비만자에 비해 위기감이 느껴지는 상태가 아니다 보니 쉽게 포기하고, 큰맘 먹기도 쉽지가 않아 반복적인 다이어트로 몸만 계속 피폐해져 간다.

초등학교 6학년 때 흑인음악에 눈을 뜬 뒤 중고등학교를 다닐 때 힙합음악에 빠져 살았는데, 이게 화근이었다. 어느새 나는 힙합스타일 옷을 찾아 저 멀리 시골에서 기차를 타고 한 달에 한 번씩 엄마 몰래 압구정동까지 쇼핑을 오는 처지가 되었다. 항상 옷 밖으로 얼굴과 손만 빼꼼히 나와 있는 힙합스타일의 큼직한 옷을 좋아해서 친구들은 내 몸의 실체를 알지 못했다. 자연스레 내 몸은 옷에 가려져 나도 헷갈리는 모양새가 되어갔고, 그것은 스무 살 때까지 이어졌다.

나의 숨겨진 체형을 아는 사람은 샤워할 때의 내가 유일했다. 아무도 나의 '살'을 논하지 않았고 다이어트를 해야겠다는 생각도 못했다. 그런데 휴학을 한 뒤 학교와 학교친구들을 벗어나니 세상에나, 대한민국 서울은 온통 날씬하고 예쁜 언니들 천지였다. 그렇게 신세계를 접한 이후 본격적으로 나의 다이어트가 시작되었다.

| 계속되는 다이어트의 반복과 실패, 그리고 요요 |

고등학교 때 친구 희박을 따라 다이어트를 한 적이 있지만, 그때는 목표

가 있다기보다 그저 희박이의 덴마크다이어트에 '친구로서 함께' 한다
는 취지였다. 내 의지대로 직접 목표를 정해놓고 다이어트한 건 휴학 이
후가 처음이었던 듯싶다. 쇼핑을 위해 돌아다니는 것, 매점에 군것질하
러 가는 것 외에는 움직이는 것 자체를 거부했던 내가 운동을 통해 다이
어트했을 리 만무하다.

당시만 해도 적게 먹는 건 절대 자신 없었지만 굶는 것, 한 가지만 먹
는 것, 뭐 요런 건 꿩장히 잘했다. 난 독한 여자였으니까. 연예인, 미스코
리아 누구누구가 다녀갔다는 단식원에도 간 적이 있다. 일주일 동안 10
킬로그램을 빼서 나왔는데, 입고 간 바지가 흘러내려서 손에 움켜쥐고
단식원을 나서다 데리러온 남자친구와 급하게 바지를 사러갔던 기억
이……. 그런데 그 바지와 친해지기도 전에 몸무게는 원래대로 돌아와
또다시 58킬로그램이 되었다. 그놈의 58킬로그램…… 정말 징글징글한
몸무게였다. 주변에서는 단식원 갔다 와서 예전보다 더 안 찐 게 다행이
라고 하더라. 근데 문제는 근육을 많이 잃어버려서 보기에는 예전보다
더 돼지로 보였다는 거.

58킬로그램에서 50킬로그램 만들고자 해보지 않은 다이어트가 없다!
네이버에서 검색되는 거 99퍼센트는 다해봤다! 2012년 4월 현재 네이
버에 '다이어트'를 검색해서 뜨는 갖가지 다이어트, 다이어트에 좋다는
운동 그리고 수많은 방법들 중 지방흡입 같은 외과적 시술 빼고는 다 해
본 듯싶다. 운동은 정말 싫어했지만, 운동 그렇게 싫어하던 내가 어느
순간부터는 하다하다 더 이상 해볼 다이어트가 없어 운동까지 하기에

이르렀다. 그때부터는 다이어트에 좋다는 운동들까지도 모조리 섭렵해 나가기 시작했다. 난 목표가 있으면 뭐든 찾아보고 연구하고 도전하는 여자였지만 지금 생각해보면 너무 순진하고 멍청했던 것 같다. 열심히 했지만, 잘못된 방법으로 지나친 다이어트를 하다 보니 요요는 물론이요 그 이후의 과식과 폭식은 전보다 더 심해졌다. 결국 늘 실패라고도 성공이라고도 말할 수 없는, 뭔가 되다마는 듯한 상태만 반복.

| 피부 악화로 피부치료에 목숨 걸다 |

나는 지쳐서 잠시 포기했고, 우아하고 여유롭게 과식하며 뒹굴뒹굴 행복한 2005년을 맞이하였다. 그렇게 세상 시름을 잊고 살아가던 중 한차례 또 뒤집어진 얼굴이 나를 자극했다. 과식으로 인한 소화기 장애 등등 알 수 없는 원인으로 얼굴에 좁쌀여드름이 확~. 그러나 식사는 항상 규칙적으로 했다. 규칙적으로 꽉꽉 눌러담아 하루 다섯 끼! 하하.

잘못된 다이어트가 파릇파릇 떡잎과도 같던 내 피부를 초토화시킨 것이다. 과거와는 비교할 수 없는 보다 고차원적인 스트레스가 시작되었다. 피부상태에 따른 스트레스는 확실히 개인차가 큰 것 같다. 나보다 더 심한데도 아무렇지 않게 잘 지내는 친구들이 있는 반면, 나는 전혀 그렇지 못했다. 말로만 듣던 대인기피증세로 친구들도 잘 안 만나고 학원이랑 교회 갈 때만 겨우 밖을 다녔다. 몸이 상하는지 어찌 되는지를 살펴볼 필요조차 없었다. 트러블로 만신창이가 된 피부가 모든 것을 말해주었으니까. 나는 몸무게뿐만 아니라 피부까지 다시 되돌려야 했다.

 디스 이즈 다이어트 THIS IS DIET

실패를 딛고 일어선 나는 또다시 끊임없는 도전을 했다.

여러 방법을 동원해 치료를 하는 동안 진짜 나를 우울하고 슬프게 만들었던 건 재발이 아니었다. 내 피부가 이렇게 된 정확한 원인을 그 누구도 나에게 말해주지 못한다는 것이었다. 원인만 알면 철저하게 그것을 차단할 준비가 되어 있는데 모든 선생님들이 똑같이 과도한 피지분비, 스트레스, 소화불량, 음식물, 독소, 화장품, 세균 등이 원인이라고만 할 뿐 시원스런 답변 한 번을 듣지 못하니 더욱 답답했다. 사실 모든 병이 다 복합적인 원인에 의한 것인 만큼 누구를 원망할 일은 아니었다.

결국 나는 다니던 병원, 좋다는 화장품 등을 일제히 끊고 스스로 답을 찾아가기 시작했다. 어떨 때 피부상태가 악화되는지, 나의 몸 상태는 어떤지, 나는 어디가 건강하고 어디가 약한지를 오랜 시간 깊이 생각하고 살펴보게 되었다. 모두가 말하는 그 많은 원인들 중 분명 나한테 유독 치명적인 것이 있을 거야. 그거라도 알아내서 끊어버려야겠다는 생각으로 흔히들 얘기하는 여드름의 원인들을 하나하나 상세히서 끊기도 했다.

그런데 그 모든 것은 어이없게도 예정에 없던 다이어트를 시작하게 만들었다. 피부과, 한의원 치료 다 받아봤지만 재발해서 더 악화될 뿐⋯⋯ 여드름이 호전되는 효과를 못 봤다. 오히려 스트레스가 너무 극심해져 거의 정신과를 찾을 지경이었다.

정말 너무 괴롭고 갈급한 나머지, 권사님들만 할 것 같은 금식기도를 했다. 여드름이 사라지게 해달라고 기도한 게 아니라 여드름 스트레스로 인해 의욕 잃고 피폐해진 정신상태가 괴로워서 기도를 했다. 그런데 금식 막바지에 본 기사, 단식 혹은 절식 후 갑자기 정상식을 하면 이전보다 더 찐다고.

몰랐던 얘기는 아니지만 운명처럼 뭐가 이뤄지려고 그랬던 건지 그 기사가 충격으로 다가왔다! 여드름도 골치 아픈데 58킬로그램보다 더 찐다는 생각을 하니 아찔했다. 여드름도 모자라 굴러다니는 여드름쟁이라니 정말 끔찍했다. 일주일 저녁을 굶어도 몸무게 변동이 없는 스타일이라 나흘을 아무것도 안 먹고 굶었는데도 딱 1킬로그램 빠졌었다. 금식 기도가 끝난 후에는 살이 찔까 두려워 밥 대신 죽을 먹었다. 그러다 다시 사흘 후 밥을 먹었는데 살찔까봐 무서워서 반 공기를 먹었다. 그렇게 전혀 계획에 없던 다이어트가 시작되었다! 난 분명 금식기도를 한 건데, 내 모양새는 단식한 사람이 되었지 뭔가.

| 어쩔 수 없이 등떠밀려 다이어트를 시작하다 |

사활을 건 첫 다이어트 시작! 휘트니스에 등록한 5월 초 몸무게가 57킬로그램에서 5월 말 54킬로그램이 되기까지 하루 1200칼로리만 먹는 살인적인 식단에 좋아하는 아이스크림과 과자는 100퍼센트 끊었다. 100퍼센트!! 주위에서 독하다고 했지만 진짜 죽을 맛이었다. 운동은 휘트니스센터에서 근력운동 1시간, 요가센터에서 요가 1시간, 청담대교에서 잠실대교까지 왔다갔다 반복하며 빨리 걷기 1시간! (휘트니스센터에 있는 러닝머신에서 제자리걸음하면 토할 것 같아서 항상 바깥공기 마시며 걸었다.) 하루 운동을 3시간씩이나 했다. (요요를 두려워하는 사람들 중 이렇게 운동을 미친 것처럼 하는 사람들이 있는데 결단코 뜯어말리고 싶다!) 이때는 복학 전이라 학원 다니는 거 외에는 시간이 많았다. 휘트니스 못 간 날은 하루 3시간을 걸은 적도 있다. 이렇게 안 먹고 미친 듯 운동했는데도 6월 한 달에 1킬로그램 줄었다. 그리고 똑같이 7월 한 달을 보냈음에도 달랑 1킬로그램이 줄었을 뿐. 어쨌든 목표했던 52.0킬로그램은 달성. 탄력 받아서 근력운동도 더 열심히 하고 소식을 유지한 끝에 48킬로그램 달성! 그리고 그 후 어느 날 돼지고기 먹다가 살모넬라균 때문에 설사 30번 한 후 47킬로그램이 되었다.

| 식이 장애가 찾아오다 |

적게 먹으니 피부는 놀랍도록 좋아졌다. 몸에 좋은 것만 나름 잘 챙겨먹으니 재생도 장난이 아니었다. 일단은 그것만으로도 대만족이었다.

그런데 문제는 여기서부터 시작됐다. 몸무게는 많이 줄었지만 근육형이 아니라 지방형인데다 저칼로리 식단으로 근육도 많이 빠졌고, 그닥 날씬하거나 균형 있는 몸매가 완성된 게 아니었음에도 (나는 원래 하체비만-거의 10년 만에 다시 만난 '47킬로그램'이라서 급흥분 상태였던 것 같다.) 다이어트한 몸을 유지할 생각은 안 하고 그동안 못 먹었던 과자, 아이스크림들을 아주 조금씩 다시 먹기 시작한 거다. 이게 아마 10월 일이지.

처음에는 살찔까봐 두려워 조금씩 먹으면서 매일매일 몸무게를 쟀다. 몸무게가 전혀 늘지 않자 군것질 양을 조금씩 더 늘려갔다. 그러다 11월 어느 날에는 에이스 세 통을 연달아 먹은 기억이 있다. 저칼로리 다이어트하는 사람들에게 흔히 나타나는 심각한 식이장애였다. 특정음식만 먹거나 특정음식을 안 먹는 다이어트는 잘못된 서구식 다이어트 방식이다. 잘만 하면 빠지기는 확실히 빠지지만 건강하고 날씬한 몸을 장기적으로 이어가는 데는 한계가 있다. 나 역시 살이 찐다는 이유로 고칼로리 음식이나 군것질거리를 100퍼센트 끊었었다. 너무 좋아하는 음식들을 끊다보니 겉으로는 살이 빠졌지만 좋아하는 걸 억제하는 데 대한 심리적 스트레스가 상당했던 것 같다. 다만 줄어가는 몸무게를 보며 위로를 받았을 뿐.

과자를 다시 먹기 시작했을 때는 국내 과자 중 최고의 칼로리를 자랑하는 '다이제'를 1일 1통(섭취 권장량은 한 번에 두 개라는데) 꼬박 먹으며 중독증세를 보였고, 식구들이 모두 늦잠 자는 일요일에는 이른 아침부터 혼자 일어나 과자 폭식에 들어갔다. 평소 다이어트로 예민해서 히스테리를 많이 부리고, 뭐 먹으라면 안 먹고 난리를 쳤기 때문에 식구들 보는 데서 대놓고 과자를 폭식하는 이중적인 모습을 보일 수는 없어 몰래 혼자 일어나 흡입한 것이다.

난 이미 걷잡을 수 없는 폭식증에 수치심이나 부끄러움까지 느꼈던 듯 같다. 그 외에도 식이장애 현상은 종종 나타났다. 친구들이 놀러오기만을 기다렸다가 친구를 대접한다는 명목으로 맛있는 쿠키, 간식거리 왕창 사서 내가 다 먹곤 했다. 억제되었던 게 폭발해버리자 무섭게 먹기 시작한 것이다. 그리고는 먹고 나면 바로 후회!

조금만 먹어도 배가 불러서 과식은 안 했지만 밥이 싫어지고 전혀 안 먹던 과자와 아이스크림, 빵으로만 하루 세 끼를 채웠다. 베스킨라빈스 하프갤런을 하루 한 통씩 먹어치우고 과자는 잡으면 두 봉지는 기본! 복학 이후 급격히 늘기 시작한 몸무게는 6월이 되자 57킬로그램 달성!

다이제 중독은 복학하면서 더 심해졌다. 학교 과제하면서 새벽 두세 시에 매일 한 통씩 먹었으니. 먹고 싶어 먹은 후 스트레스로 괴로워하고, 회복되었던 피부는 다시 나빠지고, 그로 인해 또 스트레스를 받는 악순환의 연속!

지금도 기억나는 장면이 있다. 교회에서 모임 같은 거 하면 간식이 항상 앞에 많다. 그날도 과자가 정말 잔뜩 있었는데 내가 미친 듯이 과자를 집어먹고 있었던 거다. 정말 쉬지 않고 주변을 보지도 않고 과자만 보며…… 그때 나보다 두어 살 정도 어린 남자애가 나를 보며 물었다. "누나, 집에서 엄마가 과자 못 먹게 해요?" 그렇게 과자를 마시듯 먹고는 교회에서 2시간 거리인 집까지 걸어왔다가, 그마저도 집으로 바로 들어가지 않고 청담대교로 직행해서 잠실대교까지 걸어갔다 집으로 왔다. 대략 3시간 반 정도를 걷다가 집에 들어간 것이다. 이쯤 되면 정말 정신병??

| 식이장애를 고치다 |

요요와 동시에 찾아온 식이장애로 몸은 물론 정신까지 초토화됐다. 더이상 방치하기에는 주인을 잘못 만난 내 몸뚱아리한테 죄짓는 것 같아 어떻게든 식이장애를 고치려고 했다.

우선 먹고 싶은 메뉴는 다 먹어야 한다. 뭐가 되었든, 사람이 먹어도 되는 음식이라면. 대신 앞서 얘기했던 1인분의 양을 지키고 다이어트 일기를 써가면서 하루 총칼로리 이내로 먹는 것이 중요하다.

과자가 너무 먹고 싶으면 식사 대신 과자를 먹는다, 먹고 싶은 과자를. 콘칩, 포카칩, 꼬깔콘이 먹고 싶으면 점심은 그중 하나를 골라서, 그리고 저녁엔 포카칩 먹어야겠다 생각하면 의외로 되게 신나고 기분이 좋아진다. 그렇게 며칠 먹다보면 그 음식에 대한 욕구가 해결되고, 서서히 차라리 밥을 먹자 하는 마음이 든다. 이 마음이 빨리 들려면 세뇌가 다시 중요하다. 이상하게 이런 마음이 들지 않고 밥보다 과자가 더 좋은 사람들이 분명히 있는데, 영양소를 고루 잘 챙겨서 한식 위주로 먹는 게 얼마나 중요한지, 그렇지 않은 것들이 몸에 어떤 악영향을 끼치는지에 대한 서적이나 잡지 등 많은 정보에 스스로를 노출시키는 게 중요하다. 이것은 목표를 달성하고 난 뒤에도 날씬한 몸매와 건강한 몸을 쉽게 유지하는 초석이 된다.

간식류 말고 밥을 많이 먹어 밥살 찌는 사람들은 메뉴에 제한을 두지 말고 칼로리에 제한을 둔다. 대신 다이어트 중에 먹고 싶은 걸 먹는다는 것, 다음 끼니는 내가 먹고 싶은 뭘 먹을까 생각하며 즐거워하고 줄어든 양에 대한 배고픔은 천천히 먹기 훈련을 계속함으로써 충분히 해결된다.

과자가 먹고 싶으면 날씬한 애들처럼 한 끼 대신 과자를 먹어라. 정말 먹고 싶은 과자 하나 골라서 우유랑 먹든지, 더 여건이 되면 과일을 추가하든지……. 배가 많이 고플 거 같지만 습관이 되니 정말 과자가 한 끼 식사가 되는 기이한 일이 일어났다. 배가 부르고 더 이상 먹을 게 생각 안 나는.

예전에 잠시 회사를 다녔을 때는 느닷없이 새우깡에 급중독되어 매일 점심 대신 새우깡 한 봉지와 요러브 생크림요구르트를 하나 먹었다. 한 달 내내 그렇게 먹어도 몸무게는 더 늘지 않았다. 간식으로 먹은 게 아니라 밥 대신 먹었기 때문. 이렇게 먹다보면 어느 순간 과자 대신 밥이 더 좋아진다. 절대 과자를 참지 말고 먹어라! 과자에 얼마나 미쳐 있었던지 과자 땜에 정말 미치겠다고 목사님 찾아가 상담할 정도였다. 말할 수 없는 스트레스를 겪었는데 결국에는 내가 이겼다. 과자에 휘둘리지 않고 미친 듯 먹지도 않고, 먹고 싶을 때는 먹고 그러면서도 요요가 없는 상태에 결국 다다랐으니. 난 이렇게 먹고 싶은 거 다 먹으면서 스스로 고쳤다. 먹고 싶은 거 참아본 사람들은 알겠지만 정말 속에서 피나는 기분

과자보다 더 끊기 힘든 게 유산균 요구르트. 나는 시중에 피는 유산균 요구르트는 다 섭렵할 정도로 유산균 요구르트 마니아다! 하루 한 개 이상은 먹어야 눈이 떠지는데 끊는다는 건 말이 안 된다. 물론 먹었다(덴마크 드링킹요구르트 300밀리리터는 300칼로리가 넘는다; 밥 한 공기). 먹고 싶은 과자도 먹었다! 여기서 중요한 건~ 마른 애들의 생활습관을 배워야 한다는 거다. 그 이상한 애들은 과자를 먹어도 한 끼 먹은 걸로 친다! 밥 먹으러 가자고 하면 이렇게 말한다. "나 아까 초코칩 쿠키 한 통 먹어서 배불러~~~" 초코칩 쿠키 먹고 배불러지는 너는 외계에서

왔느냐?!?

족발이나 치킨 같은 건 1인분 적당량 먹고 남은 거 그냥 버렸다. 절대로 가족이나 친구와 먹지 않았다. 식사에 속도가 붙어버리니까. 남은 걸 그냥 버려야 점점 안 시키게 되고, 차라리 다른 걸 먹게 된다. 천천히 먹는 게 안 되면 시키면 안 된다. 기어이 시킬 경우엔 먹고 싶은 걸 먹는다는 즐거운 맘으로 천천히 즐긴다. 금세 배가 부른다. 배부름 신호가 왔을 때 바로 버리면 끝! 남겨서 다시 먹을 생각 말고 과감히 버려라. 낭비가 아니라 더 큰 돈낭비를 막는 일이다.

그리고 절대 굶지 마라. 먹더라도 먹은 걸 뱉지도 말고, 질을 바꾸며 천천히 먹어야 한다. 천천히 먹어서 '배부름'이란 감정을 아는 것이 식이장애를 탈출하기 위한 지름길이다.

| 조심해야 할 식이장애를 부르는 것들 |

- 굶는 것

- 배고픔을 방치하는 것(군것질 고수가 되어야)

- 특정음식만 정해놓고 먹는 것

  옥주현, 배용준 등 유명 연예인들이 닭가슴살 다이어트를 했다고 나도 한 몇 개월 냉장고 가득 닭을 채워놓고 닭가슴살 샐러드만 먹은 적이 있다. 이게 어디 사람 사는 건지……?? 지겨워서 못 참겠고 원치 않는 걸 먹어야만 한다는 생각에 닭을 먹은 후 배가 부른데도 자꾸 다른 게 생각났다(식이장애로 가는 위험단계).

- 입맛을 서서히 바꿀 생각을 않고 좋아하는 메뉴를 억지로 끊는 것!

  서서히 정상으로 돌려야지 억지로 고통스럽게 제한해버리면 안 된다. 몸이 건강해지도록 제대로 먹으면서 식탐을 쫓아버려야 한다. 먹지 않고 참아서 식탐을 쫓는 게 아니라 먹으면서 정상으로 돌아가야 한다. 음식의 질을 바꿔 가며 무엇보다 천천히 천천히, 그리고 서서히 정상을 찾는다. 그러다 보면 배부름을 좀 더 빨리 느끼게 된다.

- 어떻게든 스트레스를 해소하는 것

  음식을 참다 참다 어느 순간 스트레스가 폭발해버리면 정말 스스로를 놔버린다, 정말 걷잡을 수 없도록. 에잇~ 다 먹어버려, 이러면서 정말 마트를 쓸어오거나 혼자 집에서 그간 먹고 싶었던 음식 두세 개를 한꺼번에 배달시킨다. 물론 다이어트로 인한 스트레스 못지않게 사회생활에서 받는 스트레스도 조심.

CLIF
BAR
CRUNCHY PEANUT BUTTER
KIND
VITAMIN D
Kellogg's
FROSTED
FLAKES
OF CORN
THE
GR-R-
Tear here
KETTLE
BRAND
BAKED
POTATO
65%
SEA S
made from REAL
DANCING DEER
BAKING CO
maple OATMEAL
cookies
Hillshire
Farm
DELI SELECT
ROAST BEEF
ULTRA THIN
RICE
RICE
A
RONI
Chicken & Garlic
Flavor
Add Chicken
lifresh
Virginia Brand
HAM WATER ADDED
9 OZ (255g)
WIN the
Hottest Toys
$1.00
HotPo
Win Cash
Campbell's
Homestyle
Chicken Noodle

07

장기전을 위한 뇌 길들이기-세뇌요법
diet

식이장애를 빠르게 고치기 위한 방법 중 하나가 세뇌요법.

좋아하는 것을 다 챙겨먹되, 그 질적인 부분에 대해 자료를 찾아 읽거나 책을 보거나 스스로에게 반복적이면서도 구체적으로 인지를 시키는 일이 동시에 진행되어야 한다. 가급적 스토리 있게. 입맛을 미각 생각을 하지 않고 좋아하는 메뉴를 억지로 끊는 것은 식이장애로 가는 지름길. 시간이 걸리더라도 행동과 생각에 집중하면 입맛은 바뀐다. 난 요즘 식사에서 야채가 빠지면 마치 못 먹을 것을 먹는 사람처럼 싫다. 이것은 반드시 식사에 채소가 있어야 다이어트와 건강, 피부에 좋다는 세뇌를 통해 바뀐 것이다.

수년간의 고된 훈련, 그것은 세뇌였다. 나의 다이어트 경험을 원칙으로 내가 강조하는 것들이 세뇌다. 극단적 세뇌가 필요하다.

난 단 음식을 너무나 좋아한다. 절대 끊을 수는 없다. 그래서 단 음식이 얼마나 몸에 악영향을 끼치는지에 대한 서적이나 기사 등을 수시로 본다. 그러는 가운데 어마어마하게 많이 먹던 단 음식 섭취량이 놀랍도록 줄었다. 지금도 물론 먹고 있고 앞으로도 영원히 먹겠지만, 이미 예전의 내가 아니다.

운동 안 하면 몸이 썩는다는 것도 스스로에게 세뇌시키는 것 중 하나. 노폐물을 배출하고 노화를 막기 위한 항산화를 위해 운동에 대해서도 늘 곱씹는다.

밀가루에 대해서도 마찬가지. 밀가루 음식을 먹으면 소화불량, 이것은 곧 위장질환으로 이어지고 놀랍도록 정확하고 어김없이 여드름과 또 연결이 된다. 매우 정확히 몸소 경험하고 있기에 밀가루가 몸에 미치는 악영향에 대해서도 항상 생각하고 또 생각한다. 관련 서적이 나오면 바로 사서 읽고 다시 마음에 새긴다. 그렇게 해도 끊기가 힘든 게 밀가루. 그러나 이렇게 했을 때 확실히 섭취량이 눈에 띄게 줄어든다.

장 건강 또한 다이어트와 피부에 중요한데, 탄산음료와 찬물은 장에 좋지 않다. 시작할 수 있는 가장 첫번째는 한의사 선생님으로부터 전해 들은 찬 음식과 찬물 멀리하기. 6개월 이상 지속적으로 노력하여 큰 효과를 봤는데 역시나 세뇌가 필요하다. 몸에 좋지 않더라도 욕구가 생기면 내 머리는 항상 모든 것을 합리화시킨다. 몸을 위한 것이 아니라 하고 싶은 것을 하는 방향으로 모든 생각이 이어지게 되는 거다. 그런 상황에서 유혹에 휩쓸리지 않으려면 평소 남이 아닌 스스로가 자신을 위한 세뇌작업에 소홀하지 말아야 한다.

세뇌요법은 장기전이다. 이를 위해 책도 많이 읽는다. 내가 가장 좋아하는 잡지는 의외로 패션뷰티 관련이 아니라 〈맨즈헬스〉, 〈골프 포 위민〉 등이다. 읽는 것만으로도 음식과 운동에 대해 세뇌를 도와준다. 볼 때마다 더 운동해야겠다는 생각, 음식조절을 더 해야겠다는 생각이 드는 거다.

나는 지금도 파스타를 좋아한다. 매우 좋아하지만 근래에는 한 달에 한 번 정도 먹는 듯. 꼭 먹고 싶을 때는 참지 않고 먹으러 간다. 다 먹지만 세뇌를 통해 식습관을 바꾸면서 밀가루 섭취를 줄이고 그것으로 효과를 본 것이 있다 보니(파스타를 먹다보면 반쯤 먹고 배불러서 그만 먹는 경우도 있지만) "내가 먹고 있는 이거 밀가루지? 밀가루 많이 먹으면 소화 안 돼. 그만 먹어야겠다" 그러면서 젓가락을 놓게 된다. 이젠 음식이 그릇에서 없어질 때까지 다 먹던, 그리고 아쉬워 젓가락까지 빨던 예전의 내가 아니다.

음식을 시킬 때도 정말 먹고 싶어 미치겠는 아주 이상한 날 외에는 밀가루 음식 자체를 잘 시키지도 않는다. "어차피 이거 시켜도 밀가루라 잘 먹지 않을 텐데……" 그러면서 안 시키게 된다. 이태리 음식점에 가면 항상 좋아하는 봉골레나 알리오올리오 같은 파스타류를 주문했는데 이제는 당연히 리조또를 시킨다. 심지어 샐러드만 주문해서 먹고 나오기도.

힘들었던 과정을 지나면서 밀가루 음식은 나에게 부담스러운 음식이란 생각이 머릿속에 새겨졌다. 길거리에서 파는 오뎅이나 떡볶이 같은 간식거리들도 굉장히 좋아했는데 요즘에는 내 돈 주고 사먹는 일이 없다. 가뜩이나 양을 줄였는데 이왕이면 몸에도 좋고 맛있고 질 좋은 음식 먹지, 길에서 파는 정체불명의 음식들로 칼로리 채우기는 아깝다는 생각이 드는 거다.

다이어트에는 심리적인 것이 절반이라 해도 과언이 아니다. 햄버거 따위가 아닌 한식을 먹는 것도 많이 먹은 느낌을 받기 위해서다. 간단한 햄버거 하나보다는 여러 가지를 먹은 느낌을 주기 때문이다.

광란의
다이어트,
내 **몸**은
내가 지킨다

목마른 식사─국물요리 끊기

난 국물요리를 좋아하지 않는다. 특별히 국을 안 먹는 것이 아니라 국물요리를 즐기지 않는다. 할아버지께서 국을 드실 때 건더기만 먹었단다. 아빠도 국물보다는 건더기를 더 좋아한다. 그러나 나는 국물도 건더기도 모두 좋아하던, 특히나 몇 날 며칠을 우려낸 사골국물 니우 좋이이던 그런 여자였다. 설렁탕과 갈비탕, 그리고 맛있는 깍두기를 너무도 좋아해 교회 근처 맛있는 설렁탕집을 알고 나서는 매주 일요일 교회 갈 때마다 먹었었다. 그런 내가, 내가 먹고 싶어서 내 돈 내고 설렁탕을 안 먹은 지 6년도 더 지난 것 같다.

시작은 당연히 다이어트 때문이었다. 국물요리는 소금이 많이 들어가 밥을 더 많이 먹게 한다고, 밥을 남기기 힘든 대표적인 메뉴라고 누가 그러더라. 그보다 결정적인 건 혈당량 증가로 살이 더 찌는 것을 막기 위해 식사 중에 물도 안 마시는 내가 국물이라니 싫었다. 이게 진짜 이유다. 내가 식사 중에 물을 마시지 않는 것, 그래서 국물도 먹지 않는 것!

식사를 하면 음식물을 소화시켜 당으로 전환하는 과정에서 혈당량이 올라가는데 이때 수분섭취가 많아지면 혈당량이 급격히 증가하여 살이 찌기 쉽다는 얘기를 아주 일찍이 주워들었다. 밥을 적게 먹어도 혈당량이 기준치를 넘으면, 다량의 수분과 함께 섭취된 탄수화물의 '저장' 기능이 강해져 더 살이 찌기 쉽다고. 그때부터 나는 식사 중 수분섭취를 급격히 제한했다. 아니 물을 마시지 말란 것도 아니고 식사 전후 1시간 이내, 그리고 밥 먹을 때만 자제하라는데 다이어트를 위한 여러 가지 방법들 중 이보다 쉬운 건 없어 보였다. 게다가 식사 중 수분섭취는 소화능력을 떨어뜨리니 소화기관이 약한 나에게는 가장 우선적인 과제라 생각.

그 생각에 사로잡힌 나는 식사메뉴에서 국물음식은 아예 빼버렸다. 탕요리도 다이어트 시작부터 2~3년간은 완전히 끊었다. 부지런히 빠르게 흡입한 식사 직후 물 한 잔 들이켜 아래로 시원하게 내려보내는 그 맛을 참 버리기 아쉬웠지만 역시 그 습관도 버렸다. 당연히 외식에서도 국물요리는 끊었다. 그랬더니 신기한 일이 일어났다.

친구들과 함께 먹는 바깥음식은 다 좋았는데 서서히 입맛이 메뉴를 가리기 시작했다. 엄마는 일찍부터 화학조미료를 전혀 사용하지 않았고, 늘 싱겁게 먹자는 주의였기에 화학조미료에 길들여질 내가 아니었지만, 그 이상으로 외식을 많이 하다보니 어느 순간 외식 메뉴 고유의 그 혀끝에 착착 감기는 맛에 빠져 있었던 거다. 그러다 국물을 끊고, 다시 싱겁게 먹고, 짠 음식을 줄이기를 고작 한 달? 몇몇 음식들을 밖에서 먹게 될 때면 '이것이 화학조미료 맛이구나'라고 명확히 느낄 정도로 그 묘한 맛에 거부감이 들기 시작했다. 우리 고유의 한식, 그 국물요리들을 무시하는 것이 아니다. 바깥에서 파는 국물요리와 여러 음식들에 얼마나 많은 조미료가 들어가고 있는지 내 입이 느끼기 시작한 거다.

어느 날 남동생이 이런 얘기를 해준 적이 있다. 화학조미료의 힘을 아느냐고. 남동생은 조리학과 출신인데 한번은 수업 중에 교수님이 음식을 완성하여 먹어보고, 그것에 화학조미료를 첨가해 먹어보고 그 차이를 느껴보라고 했다는 것이다. 그 맛의 차이가 얼마나 쇼킹했던지 집에 와서 나를 앉혀 놓고 계속 얘기할 정도였다. 그러면서 엄마가 조미료 쓰지 않고 요리하는 게 신기하다고 했다. 조미료가 그 정도로 놀라운 맛의 차이를 보이며 감칠맛 나게 입에 감기게 만들어버리는데, 솔직히 자기가 식당을 차려도 조미료를 안 쓸 자신이 없을 것 같다는 얘기였다. 조미료의 좋고 나쁨을 말하고자 하는 것이 아니라 그런 음식들이 얼마나 식욕을 돋울지를 생각해보라는 것이다. 신선한 야채 무침이나 볶음요리와는 비할 수 없는 국물요리 냄새는 또 어떤가. 정말 밥 한 공기 뚝딱 비우기 쉬운 메뉴다.

허겁지겁 먹고 과식하면 뭔가 명치쯤에 잘 내려가지 않고 걸려 있는 느낌이 든다. 그럴 때면 누구나 음료를 들이키게 되는데, 천천히 먹고 조금씩 먹으면 물 한 모금 안 먹고도 불편함이 없다. 물을 안 먹기로 하여야 더 천천히 조금 먹게 된다.

의도적으로 식전 1시간, 식후 1시간 반 사이에 물을 마시지 않으려고 노력했더니 어느 순간부터 식사 중에 전혀 물이 당기지 않더라. 국물은 시키지도 않지만 먹게 되더라도 거의 다 남기게 되고 그러다보니 같이 앉은 사람들보다 훨씬 적게 먹게 되고 소화도 더 잘 되더라.

죽을 때까지 먹을 수 있는 비빔밥 다이어트
diet

탈모 없는 건강한 다이어트를 위해서는 밀보다 쌀요리를 먹어야 한다. 지구력도 좋아지고 살도 덜 찌는 쌀요리는 건강에도 좋다. 베이글 등으로 아침을 대신하기보다 한번 쌀음식으로 바꿔보라.

한식이 다이어트 음식으로 각광받고 있지만, 한식의 꽃이라면 밥! 무시 못할 칼로리의 밥 한 공기, 밥을 잘 챙겨먹은 달은 꼭 몸무게가 1~2킬로그램 정도 불어 있다. 그 단점을 극복할 수 있는 게 바로 비빔밥!

비빔밥으로 다이어트를 할 때는 가급적 나물을 집에서 조미료 없이 만들어 먹지만, 사먹게 될 때는 무조건 밥은 따로. 밥 절반에 나물로 배를 채운다. 이때 장도 따로 나와야 짜지 않게, 절반의 밥에 맞춰 맛을 조절할 수가 있다. 누구누구 연예인이 얼마의 기간 동안 닭가슴살 등 단백질

위주의 식사를 하여 상당히 많은 몸무게를 줄였다고 하는 기사를 봐도 놀랍지도 부럽지도 않다. 생각보다 쉽게 다시 제자리로 돌아오는 것을 알고 있기 때문.

다이어트는 죽을 때까지 먹을 만한 것으로 하는 게 좋다! 생식가루, 청국장가루를 맛있어서 먹나, 다이어트 때문에 먹지. 맛있어서라면 전혀 문제없다. 그러나 다이어트 때문이라면 이 역시 어느 순간 토할 것만 같은 때가 온다. 심해지면 다른 음식(단 음식 등)에 집착하는 식이장애까지 올 수 있다. 죽을 때까지 먹을 수 있는 것으로 다이어트를 해야 요요로부터 자유로울 수 있다. 그것이 밥이라면 밥에서 승부를 내라!!

나의 신체 가운데 약한 것을 민감하게 살피고 관리를 하다보니 소화기 문제를 알게 되었고, 소화가 안 되는 밀가루부터 줄이기 시작했다(시작은 한때 여드름 때문에 먹었던 한약으로 인해). 그렇게 좋아하는 스파게티, 빵 등 밀가루를 다 끊고 보니 밖에서는 먹을 게 하나도 없으니. 매일 한식만 먹었는데 볶음밥, 된장찌개, 비빔밥…… 그중에 매일 먹어도 안 지겨운 게 비빔밥이었다. 어쩌다 볶음밥을 먹을 때면 처음에는 무조건 반을 덜어내고 반만 먹었다(처음에는 밥 양을 안 줄이고 밀가루만 끊었는데도 살이 빠졌다).

쉽게 사먹을 수 있는 밥요리에는 여러 가지가 있지만 그중에 비빔밥이어야 했던 이유는, 포만감이 가장 컸기 때문이다. 밥을 반이나 덜었으니 먹고 나면 얼마나 허기지겠나. 그러나 비빔밥에는 각종 나물들이 있어서 그 허기를 채워주었다. 볶음밥은 비교가 안 된다. 채소 나부랭이 깨알같이 썰어놓은 것을 볶아버리니……. 적게 먹으면 허기지고, 허기지지 않을 정도로 먹으려면 비빔밥보다 밥을 더 먹어야 했다.

비빔밥을 먹을 때는 항상 밥과 고추장을 따로 담아달라고 부탁했다. 밥이 나오면 야채 속에 묻혀 있는 밥을 반 덜어내고 거기에 맞게 고추장 양을 조절해서 비벼먹었다. 그러다 비빔밥이 지겨울 땐 가끔 회덮밥을 먹어주기도. 맛있다.^^

그냥 아무것도 한 것 없이 밥 절반씩, 비빔밥이 중심이 된 한식 위주의 식사로 가만히 한 달 만에 4킬로그램 빼고 바로 다음 달 정체기 없이 요요로 불었던 몸을 원상태로 다 돌려놓았다. 그리고 그 이후로 지금까지 요요는 없다.

03

필수 미네랄 미친 듯이 먹기
diet

미네랄은 인체에서 차지하는 비중이 적지만 필수미네랄 중 단 한 가지라도 부족하면 신체 균형이 깨진다. 내가 원푸드 다이어트를 반대하는 것도 이런 이유고, 요요가 오고 나서 불어난 몸무게를 한 달 만에 다이어트할 수 있었던 것도 한식 위주로 신체 균형을 지켜가며 했기 때문이다. 다이어트에 있어 비타민과 미네랄은 굉장히 중요하다. 운동을 많이 하고 적게 먹는다 해도 비타민과 미네랄이 부족하면 체내 에너지 대사 과정이 원활하지 못해 체중이 빨리 감량되지 않는다. 때문에 다양한 야채가 들어간 한식, 그중에서도 비빔밥은 최고의 다이어트 식품이 되었던 것.

적게 먹고 운동하면 살이 빠지지만 누구나 쭉쭉 빠지는 건 아니다. 그러나 비타민과 미네랄을 충족시키면서 적게 먹고 운동하면 쭉쭉 빠진

다. 거의 대부분 야채를 먹는다고 먹어도 전체 식사량이 너무 적으면 야채도 너무 소량을 섭취하게 되므로 비타민과 미네랄이 부족해진다. 이것들을 잘 챙기는 식사가 주가 되니 다이어트도 쉽고 스트레스도 적었으며 그렇게 빠진 살이라 요요도 오지 않는다.

흔히 '과일=당' 이라 생각해서 다이어트 중에 과일도 조심스러워하는데 비타민과 미네랄은 절대로 소홀히 하면 안 된다. 과일보다 야채 위주로 비타민과 미네랄을 섭취하는 것도 좋은 방법이다. 특히 중년여성의 경우 폐경 후 섭취율이 떨어지므로 권장량보다 훨씬 많은 비타민과 미네랄을 섭취해야 한다.

과일과 채소는 작정하고 미친 듯이 먹어야 먹어진다. 나쁜 음식 도저히 끊고 줄이는 걸 못하는 사람도 하루 중 과일과 채소를 우선적으로 미친 듯이 먹어보면 다른 게 들어갈 자리가 사라진다. 뭔가 다이어트에 방해되는 것을 억지로 안 먹겠다가 아니라 좋은 걸 미친 듯이 먹겠다는 것으로 바꾸면 스트레스노 석고 효과적이다.

그중에서 한 가지가 과일 많이 먹기. 늘 먹던 상태에서 더 많이 먹기. 사실 먹지 말라는 거 참는 게 힘들지 먹으란 건 먹을 수 있지 않나? 야채와 과일의 비중만 크게 늘려도 운동 없이 몸무게까지 그냥 줄어드는 효과를 볼 수 있다.

신선한 채소와 과일을 매일 먹는다. 미국에서는 다섯 가지 색 채소 과일 다섯 접시 먹기 운동도 하지 않나? 채소를 못 먹겠으면 과일로 하루를 시작한다. 남자친구한테 쓸데없는 거 사달라고 눈치보고 조르지 말고 과일 깎는 거나 해달라고 부탁해라. 난 우리 꾀돌이에게 정중하게 요청한다. "저기 자몽 좀 까주시겠습니까?"

아침이면 습관처럼 과일을 먹고 나간다. 아침 과일이 좋다는 것 또한 수도 없이 들어온 것. 더욱이 아침은 살로 가지 않고 에너지로 소비되기 쉬운 시간이다. 아침 대신 과일은 허기진다고? 그건 한두 개 먹어서 그렇지, 과일을 왕창 깎아놓고 배부르게 먹는 습관을 들여라, 아침에! 그리고 점심저녁을 짐승이 아니라 사람처럼 먹으면 아침에 과일 배불리 먹었다고 절대 살찔 리 없다. 내가 그렇게 하고 있거든…….

다시 한번 강조하지만 다이어트가 도저히 안 된다면, 뭔가를 안 먹는 게 힘들고 적게 먹는 게 힘들다면, 생각을 전환해서 과일 위주로 먹어라. 먹고 싶은 걸 먹되 과일 채소량을 대폭 늘리면 다른 양이 줄게 된다.

과일과 야채를 많이 먹으면 변비가 없어지고, 머리카락이 덜 빠지고, 짜증이 덜 나고, 몸이 가벼워지고 예민해지지 않는다. 아토피도 좋아진다. 과일 속 비타민 C는 스트레스로 인한 활성산소를 차단하고 면역체계를 강화시킨다.

비타민제는 하루권장량 한 알만 먹고 별다른 비타민음료 등은 마시지 않는 대신 과일과 채소를 많이 먹는다. 먹는 걸 소홀히 하고 약으로 어떻게 대신해볼 생각은 절대 하지 않는다.

물론 과일도 지나치게 많이 먹으면 혈당조절 방해 등 독이 된다는 얘기를 들은 적이 있다. 그러나 현대인의 라이프스타일 자체가 독이 될 정도로 과일을 많이 먹기는 힘들다. 오히려 너무 안 챙겨먹어서 문제지.

　남동생은 바쁜 아침에 아무도 챙겨주지 않아도 꼭 과일을 챙겨먹고 나간다. 고등학교 때까지 엄마가 늘 아침식사와 과일을 챙겨줘서 그런지 몰라도 이제는 엄마가 안 챙겨줘도 오렌지 하나라도 꼭 까먹고 학교에 간다. 친구가 내 말을 듣고 과일과 야채를 열심히 먹기 시작했는데, 평소에 얼마나 안 먹었던지 일주일 정도 잘 챙겨먹었더니 숙변이 계속 나와 미치겠다고 할 정도. 이럴 때가 좋은 거다. 그러니 조금이라도 어릴 때 식습관을 개선해나가야 한다.

　젊음과 건강을 유지해주는 가장 기본적인 것들도 과하면 독이 되는 건 분명한 사실이다. 심지어 물이나 과일, 야채도 그렇다. 그런데도 이렇게 과일과 야채를 먹으라고 강조하는 건 사람들 대부분이 정상치도 섭취하지 못하고 있기 때문이다.

칼로리 걱정 없이 맛있게!
Fontana
곧타나
무지방
샐러드 드레싱
그린
生가득
Pulmuone
웨프메이드
레몬 갈릭
LEMON GARLIC
오늘아침
드래싱 참깨
CRUDIGNO
유기농
발사믹 식초
한살림
발효
드레싱
220ml

04

채소가 맛있어지는 드레싱
diet

　채소가 맛있어 미치겠지 않은 건 아무래도 새콤달콤 짭짜름도 아닌 특유의 밍밍한 맛 때문일 거다. 그래서 다들 채소는 드레싱과 함께 먹는다 그러나 다이어트를 하는 사람에게 드레싱이라는 건 상당히 부담스러운 소스이다. 결코 화끈하게 부어 먹을 수 없는…….

　사실 난 다이어트할 때 드레싱을 거의 먹지 않았다. 먹어도 정말 쥐꼬리만큼, 그램 수까지 재가며 소량만 먹었다. 이미 소금을 줄이고 국물도 안 먹어서 나의 미각은 모든 양념을 민감하게 느끼는 상태가 되어 있었다. 덕분에 잘 씻은 생채소를 먹어도 맛있고 드레싱을 조금 넣으면 더 맛있는 상태에 이르렀는데, 다이어트 성공 이후 소식을 이어오면서 다양한 외식메뉴를 섭렵하다보니 생채소는 어쩐지 밍밍한 맛에 늘 아쉬움이 있었던 게 사실.

그렇지만 자극적인 음식을 피하는 습관이 들었기 때문에 아무 드레싱이나 퍽퍽 부어먹는 것은 있을 수 없는 일이었다. 지금도 드레싱은 상당히 가린다. 먹어서 배라도 차는 음식이면 몰라도 포만감에는 거의 도움도 안 되면서 칼로리만 높이는 드레싱에 하루치 칼로리의 많은 부분을 허락하고 싶지 않기 때문. 그래서 따지고 따져 먹는다.

내가 알려드렸나? 데니그리스 유기농 발삼와인 식초만 먹는다는 거. 칼로리 때문에 다른 것은 안 섞고 그냥 그대로 먹는다. 마트에서 파는 것 중에는 맛과 원재료, 칼로리 면에서 우수한 풀무원 오리엔탈 제품을 유일하게 즐긴다. 집에서 만들어 먹는 드레싱 중에는 토마토드레싱을 가장 좋아한다. 세계 10대 수퍼푸드에 포함된 토마토의 항산화 효과와 피부보호 효과 때문. 토마토를 많이 먹으려는 노력의 일부인데, 생 토마토를 자주 갈아 마시지만 익은 토마토가 더 효과가 좋다고 해서 데쳐서 드레싱을 해 먹는다.

내가 즐겨먹는 토마토드레싱을 만드는 방법은 다음과 같다. 뭐~ 방법이나 비법이라고까지 할 수 없지만.

- 잘 익은 토마토 두 개를 칼집을 내어 끓는 물에 소금을 조금 넣고 일반적인 방법으로 살짝 데친다.
- 토마토는 큰 씨 빼고 과육만! 너무 잘게 썰지 말고 씹히는 맛이 있을 정도도 썰어둔다.
- 꿀 2큰술, 식초 2큰술, 후추 조금, 소금 조금, 레몬즙 2큰술…… 이

것들을 다 골고루 섞은 다음 올리브오일을 7큰술 넣는다.

• 여기에 썰어둔 토마토를 다 집어넣고 다시 골고루 섞은 후 채소에 부어서 잘 섞어먹는다.

150
SPO
참치
OSI
P
WaterTuna
CJ
Natural Tona X TUNA
100% 참치
델큐브참치

05

내 곁을 지킨 인스턴트식품 다이어트, 참치캔

바쁘게 살다보면, 게다가 혼자 살다보면 집에서 밥을 안 먹게 되는 경우가 많다. 차려먹기 귀찮아서 학교나 회사 간 김에 해결하다보면 집에서는 점점 안 챙겨먹게 되버리는데, 다이어트할 때는 바람직하지 않다. 어쩌다 휴일이나 다른 사람과 함께 시켜먹기 뭣한 상황, 배가 고픈데 아무것도 준비되어 있지 않은 상황이 되면 급격한 허기에 영양가 없는 군것질이나 빠르게 먹을 수 있는 인스턴트식품의 유혹을 받는다. 내가 다이어트할 때도 그러한 상황은 늘 있었다.

그럴 때마다 내가 먹었던 것은 다름 아닌 참치캔과 김치!

참치는 아미노산이 풍부한 양질의 단백질 식품으로 지방이 적고 칼로리는 낮은 데 비해 오메가-3 지방산을 비롯해 셀레늄, 비타민, 철분, 마그네슘과 미네랄이 풍부해 고른 영양섭취에 도움을 주고 노화방지에도 효과가 있다. 게다가 불포화지방산은 내장 비만 제거에도 효과적이라고 알려져 있는데 이러한 이점들을 하나하나 생각해 먹은 것은 아니고, 단백질 섭취를 도우면서도 칼로리가 적고, 언제든 빨리 꺼내 허기진 위장을 달랠 수 있는 양질의 식품을 찾다보니 참치가 걸려든 것이다. 내가 다이어트 중 손에 꼽히게 즐긴 인스턴트식품 중 하나다.

통조림이다 보니 꼭 냉장보관할 필요도 없어 잔뜩 사다놓고 언제든 꺼내먹을 수 있어서 바쁜 현대인을 위한 고단백 영양식품으로는 최고! 이승엽 선수가 체중감량 때 먹은 주식이 기름 뺀 캔참치라는 것이 알려지면서 다이어트식품으로도 각광받았는데, 닭가슴살에 지친 스타들도 즐겨먹는 것은 물론 요즘은 샐러드에 곁들여 먹기 좋게끔 큐브참치도 나와 있어 더욱 인기다.

고추참치, 야채참치 같은 것은 다이어트에 도움이 되지 않으므로 오직 라이트스탠다드로만 먹는데, 반드시 면실유는 버리고 살만 먹는다. 면실유는 가공된 참치의 표면을 마르지 않고 윤기 있게 해주어 식감을 높이고, 맛과 향을 지켜주며 유통과정에서의 변질까지 막아주는 중요한 역할을 한다. 먹어도 상관없지만 칼로리를 생각해 쫙 빼고 먹는 것이 좋다.

정말 급하게 배고플 때는 기름만 뺀 참치캔 작은 사이즈를 먹었는데 보통 식사대용으로는 밥 반 공기에 기름 뺀 참치 작은 캔 한 통 넣고 잘게 썬 김치를 짜지 않을 정도로 넣어 비벼먹었다. 소금기 없는 마른 김 가루도 뿌리면 좋다. 김치는 한 번에 잘게 썰어 냉장보관하면 바로바로 꺼내먹을 수 있어 좋다. 기름에 볶아 김치참치볶음밥으로 먹을 수도 있겠지만, 그렇게 먹을 경우 특유의 고소한 맛이 배가 되어 입맛을 더욱 돋우기 때문에 그냥 비벼 먹었다. 배고플 땐 비벼만 먹어도 맛있으니까. 조리가 무척 간단해 배고파 미칠 것 같을 때 얼른 꺼내먹으면 된다.

주의할 점은 단 하나, 중금속! 임산부는 가급적 참치캔을 피하고, 먹더라도 일주일에 한 캔 이하만 섭취하도록 권고하지만 일반인의 경우는 미국과 일본 모두 섭취하는 양에 특별한 제한이 없다. 그리고 여기서의 요점은 '참치'가 아니라 다이어트에 도움이 되는, 쉽게 먹을 수 있는 즉석식을 언제나 준비해두는 것!

다이어트를 위해 운동에 목숨 거는 사람들이 있다. 흔히 먹고 싶은 거 다 먹고 운동을 많이 하겠다는 사람들이 있는데 하루에 5시간 정도 하려고 하나? 운동을 전혀 하지 않고도 다이어트를 할 수 있다! 오히려 식이조절의 비중을 높이며 살을 더 쉽고 빠르게 빼긴다. 더 빨리, 더 건강하게, 더 예쁘게 빼기 위해 운동은 꼭 필요하다. 곧 운동이 생활화되어야 한다는 거다.

세상에는 수많은 종류의 운동이 있고, 그중에서 자신의 스타일과 가장 잘 맞는 것을 찾아야 한다. 그러려면 운동의 생활화를 위해 실패해도 계속 이것저것 해봐야 한다. 혼자 하는 게 잘 맞는지, 커플 혹은 여럿이 함께하는 게 잘 맞는지도 일단 운동을 해야만 알 수 있다. 피부가 안 좋다는 건 이미 몸 어딘가 이상이 있다는 소리다. 이미 비만과 피부질환을 겪고 있다면 운동이 삶에서 해도 그만 안 해도 그만 인 게 아니라 먹고 돈을 버는 것 이상으로 생활의 중심에 운동이 있어야 한다. 만약 유학준비를 위해 반드시 지금 해야 하는 외국어 공부가 있다 면 그 이상의 비중으로 운동에 집중해야 한다. 세월을 붙잡을 순 없지만 운동을 꾸준히 하면 신체 나이는 어느 정도 붙잡을 수 있다.

그간 내가 다이어트를 하면서 했던, 그리고 실패했던 운동들을 통해 얻은 여러 경험들을 소개한다. 도움이 되기를…….

| 운동시간 |

운동을 열심히 하는 사람들의 특징은 운동을 맹신한다는 점이다. 같은 클럽 아줌마들, 운동 정말 하루도 안 빠지고 열심히 하지만 남들보다 운 동을 열심히 한다는 이유로 아무거나 먹고 싶은 대로 막 먹는다. 이렇게 하면 애쓴 만큼 건강과 다이어트에 큰 효과를 거둘 수 없다. 운동을 좀 덜하더라도 식습관 관리에 비중을 좀 더 두는 것이 중요하 다.

과한 운동은 오히려 몸과 피부를 늙게 만들기도 한다. 내 경우는 길어 야 2시간(친구들과 어울려 할 경우) 정도이고, 그 이상을 넘기지는 않는다. 평소 혼자 할 때는 50분~1시간 10분 정도 운동한다. 물론 하루 3시간씩 도 해봤다. 주변에서 연예인 데뷔하려고 하느냐며 우스갯소리 할 정도 로. 그건 집착과 강박증 때문이었다.

성공적인 다이어트 기간부터 시작해 지금까지의 운동은 1시간을 반드시 지킨다. 절대로 1시간을 넘기지 않는다. 어쩌다 스케줄이 꼬여 필라테스와 골프를 합쳐 1시간 반 한 날은 스스로 무리했다고 여길 정도. 물론 이건 단순히 내 경험에서 비롯된 가장 즐겁게 오래 지속할 수 있고, 컨디션에 가장 도움이 되었던 시간이다. 그리고 시간은 비록 짧더라도 집중력 있게 임하는 것도 중요하다.

전문가의 의학적 견해를 빌리자면 운동을 시작한 지 1시간쯤부터 우리 몸에서는 코티졸과 카테콜아민이라는 호르몬이 분비되는데, 이 호르몬들은 오히려 근육산화나 손실을 일으키고 호르몬 분비 장애를 일으켜 운동효과를 반감시키기도 한다. 그래서 나는 짧고 굵게 내가 가장 집중력 있게 즐거울 수 있는 1시간 운동을 지킨다.

운동하는 타이밍은 아침저녁, 오전오후로 나눌 경우 이론적으로 더 효과적인 시간이 있다고 하지만 나에게는 남의 나라 이야기일 뿐이다. 다이어트할 때의 나, 그리고 지금의 나는 어떻게든 이 운동을 신나게 유지하는 것이 목적이지 타이밍까지 맞춰 갈 단계는 아니라는 것. 운동시간을 맞춰 할 만큼 여유롭지도 않고, 그저 규칙적으로 내 컨디션을 살폈을 때 가장 지속적으로 빠지지 않고 할 수 있는 것이 아침이라서 아침에 운동한다. 아침에 운동하는 것도 하루 컨디션이 가장 좋기에 고집하는 것뿐. 운동은 지속성과 빈도가 최고로 중요하고, 성공이냐 실패냐도 결국 거기서 비롯되기 때문에 이를 유지할 수 있는 타이밍을 나에게 맞춰 선택해서 운동하는 거다.

유산소 운동 후 30분이 지나야 지방이 탄다는 말 많이 들어봤을 거다.

지방은 운동 시작 5분 후부터 대사가 일어나며 시간대에 따라 탄수화물, 단백질, 지방의 에너지대사 비율이 달라진다. 운동을 시작하면 탄수화물이 주로 타서 그렇지 지방도 시작하자마자 탄다. 그러다 30분을 넘어 40분이 지나면서 지방이 주요 에너지로 대사되는데, 공복 시에는 이 시간이 20~30분으로 단축되기 때문에 공복운동이 더 효과적이다. 날씬한 몸 유지가 아니라 확실한 지방대사를 통해 살을 빼기 위해서라면 30분 운동으로는 부족하다. 유산소, 무산소를 합해 1시간 정도는 해줘야 한다.

| 다이어트를 위한 운동 |

운동하기보다 운동하는 사람이 되어라. 그러기 위해서는 무슨 운동이든 좋다. 어떤 운동이 살 빼는 데 더 효과적인지 따지지 말고 꾸준히 하기나 해라. 아직도 우리나라 인구의 60퍼센트는 운동을 하지 않는다고 하는데, 운동하는 40퍼센트에 속하고 싶지 않나? 게으름, 시간, 운동기구, 비용 등 핑계는 많지만 결국은 다 게을러서이다. 운동할 시간이 없더라도 무조건 해라. 돈이 없어도 할 수 있는 운동은 얼마든지 있다.

"피부가 좋아질 수 있다면 뭐라도 하겠다"는 사람한테 운동하라고 하면 못한다. 꼭 운동 안 하는 애들이 살 더 잘 빠지는 운동 찾는다, 나처럼.

다이어트하면 걷기운동! 걷기는 유산소 운동이라서 지방연소에는 좋지만 조금만 과해지면 근육도 같이 빠진다는 단점이 있다. 과도한 다이어트로 근육이 많이 줄어든 상태라 더 이상 걷기운동은 하지 않았다. 그 후 안 해본 운동이 없을 정도인데 요가, 필라테스, 인터벌트레이닝, 수영, 에어로빅 기타 등등 열거하기에도 벅차다. 별 소득 없이 다 끊고 끝에서 잡은 것이 휘트니스센터 달랑 하나!

센터에서 몇 시간을 보내는 사람들과 달리, 도착해서 나오기까지 샤워하는 시간 빼고 딱 1시간을 넘기지 않았다. 뻔뻔하게 유산소도 안 하고 근력운동만 하고 나왔다. 특히 복근운동 열심히. 운동한 시간은 40분 정도(주 4일)였는데 한 달에 4킬로그램이 빠졌다. 요요 전 하루 운동 3시간씩 한 걸 생각하면 이 또한 놀라운 결과였다. 이때 내가 느낀 건 무조건 적게 먹고, 무조건 오래 운동한다고 더 빠른 결과가 나타나는 게 절대 아니다는 거였다. 최적의 컨디션을 유지하면서 차근차근(대부분 빨리 빼려고 하다보면 급해진다) 규칙적인 습관을 만들어가면 몸도 마음도 바로 잡히면서 적은 노력으로 최대의 효과를 볼 수 있다!

고도비만자들은 유산소 운동 중심으로 해라. 걷기 80퍼센트, 근력운동 20퍼센트. 50킬로그램대로 접어들며 근력운동 70퍼센트, 유산소 30퍼센트에 맞추고 몸무게가 조금 더 떨어지면 80:20으로 해도 좋다. 다시 말하지만 운동으로 살 빼려는 생각 자체를 버려야 한다. 운동은 몸을 튼튼하게 유지하며 몸매를 잡아주는 정도로만 생각하라.

| 식이요법 70 운동 30 |

운동의 비중이 적다 해서 운동을 무시해도 되는 건 아니다. 섭취량을 줄이는 동시에 소비량도 늘려야 하므로 지방분해를 위한 유산소 운동은 기본이고, 식사량이 줄어듦으로 인해 생기는 근육 손실을 막기 위한 근력운동까지 모두 꼭 필요하다. 근력이 유지되고 좋아져야 다이어트를 위한 운동도 더 활기차게 할 수 있고, 다이어트 목표 달성 이후에도 손쉽게 몸매를 유지할 수 있다.

다이어트할 때는 지방연소에 초점을 맞췄고, 목표 몸무게를 달성 후에는 요요 없이 오래 유지하는 것이 관건이었다. 지금은 운동을 더욱더 사랑하게 되어 즐겁게 바디쉐입을 잡아나가는 것이 목표. 사실 지방을 빼면서 몸매까지 완벽히 잡아나가기에는 내 의지와 집중력에 한계가 있었다. 근력운동도 늘 병행했지만 어쨌든 전체적으로 훨씬 슬림해지고 볼 일이었다.

지금은 배움에 목적을 둔다. 뭔가를 배우는 운동이 되니까 즐겁고 저절로 집중력이 생기더라고. 배우는 데 좀 돈이 든다 해도 오히려 안 해본 거, 전혀 몰랐던 새로운 것들 찾아서 에너지를 소비하려고 애쓴다.

| 근력운동 |

30대 들어서면 노화는 물론 근육량이 매년 감소한다. 근육이 줄어들면 기초대사량이 떨어져 젊을 때와 같이 먹어도 살이 찔 수밖에 없다. 매일 저녁만 안 먹어도 빠지던 살이 더 이상은 저녁 굶는 것으로 빠지지 않는다. 나는 이미 25세에도 저녁 굶는 정도로는 몸무게가 꿈쩍도 안 했다. 체질적으로 근육이 적은 편이기 때문에 52킬로그램의 이효리보다 52킬로그램의 내가 누가 봐도 더 뚱뚱해 보였던 것. 체중은 중요하지 않다. 몸무게가 많이 나갈지라도 그 무게가 무엇으로 이뤄지는지가 중요하고 무엇보다 라인이 중요한 것이다.

꾸준한 근육운동으로 골밀도가 높아지면 서 있거나 걷는 게 조금씩 덜 힘들어진다. 류마티스관절염 환자들도 근력강화운동으로 상태가 훨씬 좋아질 뿐 아니라 골다공증 예방에도 도움이 된다. 헬스장 다니는 게 여자들에게는 아직도 힘들지만 근육을 키우는 데는 어쩌면 가장 쉬운 방법이다. 근육이 많으면 살도 덜 찌고 쪄도 엄청 잘 빠진다. 결혼도 안 했는데 벌써 산후비만이 두렵다면 젊은 지금부터 근육을 많이 만들어놓아야 한다. 주변에 비만이지만 근육이 남들보다 많은 친구들이 있었는데 그들의 다이어트를 지켜본 나는 놀라지 않을 수 없었다. 근육증가로 당장의 몸무게가 늘더라도 결국 체지방의 빠른 분해로 큰 도움을 얻을 수 있기 때문에 훨씬 적은 노력으로도 살이 빠지는 속도가 대단했다. 난 그래서 타고난 근육질 체형을 가진 친구들이 누구보다 부럽다.

서서히 조금씩 강도를 늘려 가면 되는데 지금 근육운동을 할 때는 크런치를 못했다. 반동 없이 몸을 일으켜야 하는데 그게 전혀 안 되더라는 것. 그것을 할 수 없을 만큼 근력이 없다고 생각했는데 그것이 아니라 워낙 운동과는 담을 쌓고 살아서 근육을 쓰는 법조차 몰랐던 것. 배에 어떤 식으로 힘을 줘야 하는지조차 몰랐다는 사실에 엄청 놀랐다. 막상 해보면 어렵지도 힘들지도 않다. 그리고 근육운동은 무엇보다 '사점'을 즐겨야 한다는 것!

근력운동은 물론 운동 자체는 20대에 익숙해져서 그 맛을 알아가고 자신에게 맞는 방법을 '반드시' 깨달아야 한다. 그렇지 않고 결혼과 출산을 겪으며 생애 최고로 살이 쪘을 때, 뒤늦게 운동을 찾아헤매다 실패를 반복하면 우울증에 빠지기가 훨씬 쉽다. 결혼 전에 운동과 이미 친해져야 임신 중 체중 증가도 두렵지 않고 출산 후에도 보다 쉽게 살을 뺄수 있다.

근육을 늘리지 않으면 살이 찌기 쉬우므로 식사량에 더 신경을 쓸 수밖에 없다. 그렇게 힘겹게 버티다가 그나마 나이까지 먹으면 식사량을 조절한다 해도 살은 점점 더 불어나고 만다. 퇴행성관절염도 근력운동으로 이길 수 있다. 근육이 퇴화하면 외부의 충격을 흡수하지 못해서 작은 충격이 골절로 이어지기도 하지만 근육량이 증가하면 골밀도가 높아져 뼈도 튼튼해진다.

나이 먹어서도 내 몸을 보호할 수 있는 근육을 만들자. 뼈를 보호하고 몸매를 지킬 수 있다.

| 지금의 운동 |

스트레칭 —— 디톡스에서 운동요법을 빼놓을 수 없다. 유산소 운동도 좋지만 몸과 마음을 편안하게 만드는 요가나 스트레칭은 깊은 호흡을 통해 체내에 산소를 공급하고, 평소에 쓰지 않는 근육을 사용해 노폐물을 효과적으로 배출하기 때문에 항산화 물질을 배출하고 활성 산소를 퇴치하는 효소를 증가시켜 노화 방지에도 뛰어난 효과를 보인다. 아침에 일어나자마자 기지개를 크게 켜고, 걸을 때는 배에 힘을 주고 빠른 속도로 걸으며, 의자에 앉아 있을 때는 다리 들어올리기, 허리 돌리기, 목 운동 등의 스트레칭을 생활화하는 것이 중요하다.

운동할 시간에는 열심히 운동에 집중하지만, 사실 그 외에는 바삐 움직이기보다 앉아서, 가만히 서서 일하거나 운전하는 시간이 대부분이다. 그래서 운동 외 시간에도 항상 자세에 주의하고 수시로 스트레칭을 하려고 노력한다.

필라테스 —— 필라테스와 나. 결론부터 이야기하면 나는 지금 필라테스에 무척 반해 있다. 필라테스를 한 지는 9개월 정도, 중간에 출장 등으로 빠진 거 다 계산해도 6개월은 넘었다. 특정 운동을 6개월 이상 계속해서 한 건 지금 언뜻 떠오르는 것으로는 웨이트트레이닝밖에 없다. 이른바 헬스 말이다! 그 외에는 뭐 하다말다.

흔히 피트니스랑 비교해서 이야기하는 요가로 소개신부니 많이 있지만…… 죽어라 이어서 해봐야 석 달이 고비. 그러고는 그만두고 한참 안 하다가 힘겹게 다시 시작하곤 했다. 그래봐야 또 한 달하고 말거나 끊어놓고 안 가는, 나는야 스포츠계의 기부천사!

뭐 어디 나쁜인가. 운동 끊어놓고 안 가고 괜히 남의 배 불려주는 사람들 많은 걸로 안다. 아무튼 요가처럼 정적인(?) 것들은 나와 잘 맞지 않아서 꽤 힘들었는데, 똑같이 정적일 것이라 생각했던 필라테스는 사상 최고로 오래한 운동이 되어버렸다. 그러던 어느 날 갑자기 십년지기 친구인 만성 어깨통증이 날 버리고 떠났다는 사실을 알게 되었다. 어찌된 일이란 말인가?

나는 평소 조금만 스트레스를 받아도 극심한 어깨통증에 시달렸다. 물론 티내지 않아서 주변사람들은 잘 모르고 엄마만 알지만. 고등학교 때부턴데, 공부 잘하는 애들한테만 생긴다는 그 어깨통증이 공부도 안 하는 나에게 찾아온 거다. 아 진짜, 너무 아팠다. 오래, 너무 오래 고통스러웠어. 상당한 노력파인 나는 이짓저짓 다해봤지. 효과는 잠시였고, 결국엔 다시 통증.

그리고 메이크업을 하면서부터는 허리통증까지 왔다. 강의를 본격적으로 시작한 작년 초부터는 딱 3일 내리 수업하고 나면 그 주말에 마사지를 받지 않고서는 다음 주를 견디기 힘들 정도의 허리통증. 어깨통증과 같이 오니 그야말로 온몸이 욱씬욱씬. 날마다 마사지가 간절한 상태라 아무리 바빠도 일주일에 한 번은 꼭 가야 했다. 전날 다녀와서도 '마사지 받고 싶다'는 말을 입에 달고 살 정도.

한 달에 최소 80~100 정도를 마사지에 꼬박꼬박 투자했는데 호텔에 가서 받은 게 아니니 이 정도지. 호텔이라도 갔으면 내 지갑은 개털이 되어 승천하고 말았을 거다.

이런 내가 2012년 들어서는 마사지 받으러 아직 한 번도 안 간 것 같아, 내 기억엔! '안 아프니까 굳이 마사지 받을 필요 없지 뭐~' 이게 아니라 너~~무 안 아파서…… 그냥 머릿속에 '마사지'라는 단어를 떠올려본 기억도 없는, 그 정도다!!

이 현실을 직시하게 된 난 너무 놀라운 나머지 필라테스, 필라테스…… 떠들고 다니기에 이르렀다. 효능효과 다 떠나 금액적인 면만 따져봐도 매달 운동하는 '돈+마사지=기본'. 이렇게 들던 것에서 마사지 관련 지출이 통째로 사라지니(통증이 심할 땐 뼈 맞추러 다닌 적도 있는데 이러한 비용이 모두 다 사라짐) "1:1 수업은 너무 비싼 것 같아"라고 말했던 몇몇 친구들조차(엠애슬레틱스퀘어의 필라테스는 1:1만 가능) "무조건 비싸다고만은 할 수 없는 것 같아"라고 하고. 살 빠지고 아니고를 떠나 통증에서 자유로워진 건 그야말로 치료의 효과를 본 거니 전~혀 비싼 게 아니라고 평가해주는 친구들도 생겨났다.

필라테스는 일주일에 딱 3일 했다. 아침마다 꼬박꼬박. 필라테스 안 가는 요일에는 골프를 치고, 일요일은 쉬고. 필라테스는 스트레칭 다 포함해서 50분인가 1시간인가 뭐 그 정도했다(30분 하는 스튜디오도 있다던데 30분하면 운동이 되나 모르겠다). 트레이너는 좀 더 일찍 와서 유산소 운동하라고 수도 없이 잔소리를 했다 하지만 나 절대 하기 싫었어. 왜냐! 힘드니까. 그리고 누가 뭐래도 운동은 하루 1시간 이상 절대 하지 않겠다는 게 내 철칙!!(라운딩 빼고^^) 이유는 좀 더 날씬해보겠다고 욕심내서 운동시간 늘리면 난 꼭 지쳐서 많이 먹거나 그냥 힘들어서 운동 자체가 꼴도 보기 싫어지더라고. 그렇게 되면 수개월을 아예 운동을 안 하고 쉬게 되어버리는 그런 반항심 가득한 몸뚱아리라 시행착오 끝에 원칙을 정한 거지.

이렇게 별도의 유산소 운동 없이, 필라테스 처음 시작한 날로부터 한 달. 별다른 거 못 느꼈다. 두 달. 그냥 몸이 조금 슬림해진 것 같기도 했다. 이른바 라인이 잡힌다나 뭐라나. 하지만 그건 운동을 하고 있는 중이었고 식습관도 같이 신경을 쓰고 있었던 거라 100퍼센트 필라테스 덕분이라고 말할 수 없었다.

세 달, 네 달이 지나도록 특별히 달라진 느낌 없이 별거 못 느끼고, 그냥 옆구리 군살이 사라졌네 정도? 그런데 시간이 지나고 지나 어느덧 6개월이 넘었을 때 나는 느낀 것이다, 내 모든 몸의 통증이 사라졌음을. 심지어 비오는 날이면 쑤시던 왼쪽 팔꿈치 통증, 사고 후유증도 없어졌다(이건 뭐 필라테스 하기 전에는 도대체 어떤 상태였다는 건지).

그때부터 지금까지 계속 찾고 있다, 내 몸에 남아 있는 통증을. 어딘가는 남아 있겠지 싶어. 근데 진짜 없다. 한참을 구부정한 자세로 책을 읽거나 컴퓨터를 하고 난 뒤에도 나의 어깨와 허리는 멀쩡~. 이 모든 기쁨과 영광을 매사에 동기부여를 해주는 우리 꾀돌이와 필라테스 지도해준 트레이너에게 돌린다.

필라테스가 처음은 아니었다. 오래전에 시작한 적이 있지만 너무나 재미가 없고 힘들어 죽을 것만 같았던 기억뿐(뜀뛰기로 표현되는 이상한 유산소 운동들을 많이 시킴). 그리고 집에 남은 건 다시 입지 않을 필라테스복(나는 과거에 운동보다는 복장, 준비물에 신경 쓰던 아이).

필라테스는 이번이 마지막 간보기라고 생각하고 시작한 건데 덜컥! 내 시간대에 남자 트레이너 당첨!! 개인적으로 남자 트레이너 싫어한다. 더 정확히 말하자면 매우 불편하다. 수년간 여러 가지 사건사고가 많았기에 항상 여자 트레이너를 요청하는데, 종목(?)이 필라테스인지라 당연히 남자 트레이너는 없을 거라고 생각해 별말하지 않았더니…… 이 사단이 난 거다!!

어릴 때부터 헬스클럽에만 가면 항~상 남자 트레이너가 걸렸었다. 일부러 여자 트레이너 많은 곳에 찾아가도 꼭 남자 트레이너가 걸릴 정도. 그리하여 트레이너를 바꾸고자 하였으나 이런저런 시간문제도 생기고, FC랑도 막말하며 싸우는 바람에 주활동무대에서 괜한 소문나고 이름 오르내리면 좋을 것 없다 싶어 결국 내가 졌다. 그냥 그렇게 어쩔 수 없이 운동은 시작되었다.

나의 트레이너로 말할 것 같으면, 시크했다. MUSIK! 무시크. 크크크크. 나보고 시크하다고 하길래 내가 그랬다. 당신이 더 시크하시다고, 무식크! 그렇다, 나의 트레이너는 무식했다. 물론 이런 말 함부로 하면 안 된단 걸 잘 안다. 근데 미안하지만, 달리 표현할 길이 없다. 트레이너님의 어록을 낱낱이 읊으면 [illegible]에게 께일 [illegible]이 신해시셨시반 그거까지는 하지 않겠다.^^

아무튼 첫 수업부터 버라이어티한 무식함을 내게 선사하셨고 나는 빵빵 터졌다. 그리고 알게 되었다. '이 사람이 평생 운동만 했구나.' 그리고는 뭐 대놓고 무식하다고 했고 운동 말고는 암 것도 모른다며, 심지어 그의 지식을 시험하기도 한다. ㅋㅋㅋ(난 나쁜 회원 ㅠㅠ) 그렇게 많은 시간이 흘렀는데 운동을 몇 주 쉬고 있는 지금에 와서 돌아보니 나의 트레이너는 넓은 마음을 가졌던 것 같다. 이 표현 좀 별론데, 이해심이 많다고 해야 할까?

늘 이 운동 저 운동 하며 돌아다니고 하니까 내가 매우 에너제틱한 사람이라고 생각할 텐데, 사실 난 방구석에서 뒹굴거리며 책 읽고 먹다 지쳐 잠들고, 깨어나면 다시 책 읽고 그러다 졸고…… 뭐 이런 생활을 좋아한다. 다만 그렇게 좋아하는 대로 살아보니 삶이 묘~하게 흘러가길래 안 그러려고 애쓰는 것뿐.

운동 딱 싫어하고 힘든 거 못 참으니 필라테스 하면서도 한 시간 내내 짜증. 입에서 나오는 소리라고는 고통의 신음이 아니면 "못해~ 못해못해, 힘들어~ 죽을 것 같아." 갈 때마다 매일, 몇 달을 그렇게 보냈는데도 싫은 티 한번 낸 적 없다, 트레이너가. 뭐 일종의 서비스직이니까 속으로 욕하고 앞에서 웃을 수 있겠지만, 그것도 하루 이틀이지. 게다가 난 좀 심했거든. '운동을 거부할 거면 오지를 말든지, 왔으면 열심히 하든지.' 뭐 그런 말이 절로 나오게 하는 짜증녀. 하긴 하는데 엄청 괴로운 표정으로 힘든 걸 참고 억지로 하는 그게 바로 나였다.

반복적으로 지속되면 사람도 지치니 참다가 표정이 좀 변할 법도 한데, 눈치 오백 단의 내 눈에 단 한 차례의 싫은 기색도 들킨 적이 없었다. 그냥 매일이 한결같은 사람. 기분이 좋은지 안 좋은지 구별이 전~혀 안 될 정도로 한결같은. 아, 물론 싫은 티 내긴 냈다, 대놓고. 나 때문에 힘 빠진다고, 내가 가장 힘들게 하는 회원이라며.

무식하지만 한결같이 무식하고 한결같이 순수한 트레이너는, 내 마음에 조금의 불편함도 없도록 해주었다. 그 어떤 식으로든 '운동 가기 싫다. 불편해’라는 생각이 전~혀 들지 않게 수개월을 버텨주었기에 결국 지금에 이르렀다(말로든 행동으로든 눈빛으로든 그 무엇이든 오감에 걸려들 만한 뭐 하나라도 있었다면 난 운동을 그만뒀거나 트레이너를 바꿨을 거다).

지금도 필라테스가 재미있는 건 아니지만 짜증내지 않고, 인상 쓰지 않고 할 수 있는 정도는 되었다. 과거에는 “도대체 내가 이걸 왜 해야 하는 거야? 내가 왜 외모까지 가꿔야 하냐”고 폭발하거나 사람으로 태어나 왜 이런 것까지 하며 살아야 하는 건지, 난 왜 근육이 부족한 몸으로 태어나 이 고통을 겪는 거냐며 별 말도 안 되는 생각 다하고 그랬다. 그런데 지금은 확실한 목적의식이 있다. 재밌진 않아도 조금이라도 운동을 쉬면 무척 하고 싶다. 해야 한다, 해야겠다는 생각이 마구 든다는 거지. 왜 해야 하는지를 확실히 알았다 이거지.

물론 운동할 때는 몹쓸 짜증쟁이인 나이지만, 나의 트레이너에게 ‘목욕의 신’을 전파해 그의 삶에 한줄기 기쁨을 선사했으며, 때로는 청담동 소식통이 되었다가 또 어떡 때느 특겁수사과두 되어 어러 가기 시긴시고 이야기로 그의 귀를 즐겁게 만들었다(이 남자 리액션 좋은 남자. ㅋ).

재연배우 울고갈 리얼리티로 다이내믹함을 안겼다고! 그리고 서로서로 일의 특성상 원치 않아도 전해 듣게 되는 연예계 비화들이 있다 보니 “기사랑 달라. 걔네들 이미 헤어졌어~” “그 기사에 나온 아이가 누군지 알아 걔가 걔잖아~” “누구누구 사귀잖아……” 어쩌고저쩌고…… 최측근에게도 말 못해 근질거리는 일들을 서로 딱딱 정확히 주고받으며 ‘스포츠서울닷컴’이 울고 갈 풍부한 자료를 수집하고 서로의 잘못된 정보를 수정해주곤 했다. 물론 스튜디오를 나서는 순간 서로 입단속을 신신당부!! 난 정말 내 가족에게도 말하지 않았다.

참고로 나의 트레이너는 내가 뭐하는 사람인지 잘 모른다. 나를 다단계회사 젊은 이사쯤으로 생각하는 거 같은데 다단계 안 한다고 했는데도 이미 확신하는 눈치.

나의 트레이너는 냉정하지 않다. 원리원칙만 따지는 융통성 없는 이 바닥(?)은 1:1 스케줄 잡아놓고 당일 취소하게 되면 1회 운동한 것으로 인정해버린다. 모르는 것도 아니고 원칙이 중요하긴 하지만 난 언제나 진상회원. 그러려고 그런 건 아닌데…… 일일이 설명하기 힘들 만큼 다급한 일들이 수시로 생기거나 변경되어 나도 정말 지치는데, 그런 사정을 이해해주고 고루 살펴주었기에 고통스러운 가운데서도 결국 필라테스를 지속적으로 해올 수 있었다. 정말 트레이너 덕이 크다. 나는 트레이너를 가리면 효율이 높아진다고 굳게 믿는 사람.

어느 날 인바디 체크 결과를 봤는데 거의 모든 수치가 옛날의 내가 아닌 거다. 트레이너는 옛날의 나에 대해서는 모른다. 그냥 현재의 내 살을 '두부'라고 칭했을 뿐 구체적으로 근육이 어떻게 없는지 몰랐다. 그간 측정했던 인바디 결과를 거의 다 모아 갖고 있는 나로서는 나이 들수록 얼굴은 늙어도 몸은 더 젊어지고 있음을 실감할 뿐. 근육량에 대한 결과도 꽤나 만족스러웠다. 두부살과는 달리 근육이 꽤 있는 편으로 결과가 나와서 트레이너도 좀 놀란 듯.

난 뭐, 시키는 대로만 했을 뿐이니 트레이너의 공을 50퍼센트, 좀 더

인심 쓰자면 70퍼센트라고도 충분히 인정할 수 있다! 굵은 근육도 중요하지만 잔 근육의 발달도 중요하다. 구석구석 발달된 근육은 자세를 바로 잡는 데에도 도움이 되고 다양한 통증으로부터 몸을 회복시킨다. 운동 내내 웃고 떠들다보면 시간이 다 가니…… 뭐 제대로 가르치긴 했나 싶을 수도 있겠지만 결과가 말해주는 거지 머. 확실히 옷 입는 게 편해지고 몸이 좋아졌으니까.

운동 중에 잘못된 자세를 알고도 가만히 있어보면 나의 트레이너는 비록 입은 떠들고 있어도 틀린 거 즉각 잡아주고 그러니까 그때마다 생각했다. '슈퍼바이저라더니…… 역시 그냥 되는 건 아닌가 봐~!'

얼마 전 스키장에서 몹쓸 충돌사고로 허리를 크게 다쳐 들것에 실려 나온 적이 있었다. 첫날은 걷지도 못했는데, 회복속도에 내가 놀랐다. 스키장에서 수도 없이 다쳐본 나로서는 이것이 다 필라테스의 힘, 근육의 힘이라고 밖에 말할 수 없다. 내 척추가 글쎄 옛날의 척추가 아니란 말이지,^^

누가 나에게 물었다. 헬스든 골프든 필라테스든 1:1 트레이닝 아니면 운동 못하냐고. 그렇다, 난 어느 정도의 외부적인 환경이나 힘이 작용해야 한다.

과거에는 오직 나의 의지로 한강 둔치를 걷고 또 걸으며 10킬로그램 정도를 감량했는데, 66도 힘들게 입다가 44반, 55를 입게 되었음 감사한 거고 대단한 거 아냐? 사람이 그 이상 어떻게 더 의지를 불태우냐고. 뭐 연예인 할 것도 아니고, 운동을 꼭 하지 않으면 목숨이 위태로울 만

큼의 병이 있는 것도 아니고, 잠은 또 얼마나 더 자고 싶은지, 운동 말고
도 하고 싶은 게 얼마나 많은데 어떻게 매일 운동을 가냐고…… 도대체
무슨 의지로. 난 절대로 못해! 살 뺀 거 몇 년째 유지하는 것도 스스로
'매우 진심으로' 대견하게 생각하는데, 운동 좋은 거 누구보다 잘 알지
만 나에게 이 이상의 의지까지는 불가능이다.

필라테스가 좋아졌지만, 필라테스로 아주 만족스러운 효과를 봤다고
해서 싫어하던 운동이 좋아지고, 매일 벌떡벌떡 일어나 운동하러 나가
지는 건 절대 아니더라. 그 시간에 그냥 침대 위를 뒹굴뒹굴 구르는 게
좋다.

1:1 운동을 고집하는 건, 트레이너와의 1:1 약속이, 오직 그 '약속'
때문에 비가 오나 눈이 오나 누군가와의 약속을 지키러 나가게 되니까.
그것이 곧 운동을 할 수 있게끔 도와주는 힘이다 보니까 1:1을 고집하는
거다. 이 얘기를 하는 건 이것저것 다해보고도 쉽게 동기부여가
안 되는 분들은 자기의 힘이 아니라 남의 힘, 외부의 힘을
빌려보는 것도 좋은 방법이라는 생각에서다!

친구들이 나로 인해 하나둘 필라테스를 시작하더니 지금은 주변에 필
라테스 하는 친구들이 많아졌다(요즘은 웬만한 문화센터에 필라테스 다 있다.
물론 1:1은 아니지만). 독자 여러분 역시 필라테스에 관심을 가져도 좋지
만, 일단은 근육, 부족하다면 부족한 근육을 만들어 근육이 부족함으로
생기는 모든 것들로부터 해방되자. 삶의 질이 달라진다.

잡지 같은 데 보면 틈새운동법이니 요일별, 자기 전 운동이니 참 여러 방법들을 소개한다. 그걸 할 나였으면 첨부터 살찌지 않았겠지. 어느 순간부터 그런 페이지는 그림조차 안 보고 넘기게 되더라. 식상하기도 하고 성의 없어 보이기도 하고…… 운동을 [illegible] 싫어하는 사람들이 많으니까 꼭 시간 많이 내서 할 필요 없이 짬짬이 하라는 거지만 사실 짬이 날 때마다 운동하는 것은 더 힘들고 지방을 태워 몸무게를 줄이는 데는 그리 이롭지도 않다. 잡지를 뒤지다보면 오래 앉아 있는 사람들을 위한 스트레칭 방법들도 많이 나온다. 수도 없이 봐서 순서를 달달 외울 정도로 익숙한 것들이 많이 있지만 3일 이상 지속적으로 해본 적이 없다. 그래서 힘들이지 않고 할 수 있는 나만의, 생활습관을 통한 엉덩이 길들이기를 소개한다.

오늘의 비법은 축적에 도가 튼 내 몸에 소비습관을 들이는 것이다. 회사에서나 학교에서나 집에서나 밥을 먹고 바로 앉아서 뭔가를 하는 사람들이 있다. 그것이 오랫동안 반복될 경우 몸은 먹어서 거둬들인 에너지를 축적하는 데 익숙해진다고! 그리고 그 에너지를 소비하는 데는 점점 둔해진단다. 여기까지는 더 이상 설명이 필요 없겠지.

방법으로 바로 들어가 보자! 먹은 음식을 몸이 알아서 척척 소비하는 데 쓰면 얼마나 좋을까. 가능하다! 먹고 움직여서 그런 습관을 길러주면 된다. 식사를 아무리 오래했다 하더라도, 점심시간이 아무리 짧다고 하더라도 식후에 단 10분의 여유도 없는 회사는 없을 거다. 그 10분을 커피 마시며 수다 떨거나 담배 피우는 데 써버리지 말고 움직이는 것이다. 회사 근처를 어슬렁거리며 돌아다니는 것도 좋다(빨리 걸을 필요도 없다). 나가기 귀찮으면 일어서서 책상정리를 하거나 사내를 쉴 새 없이 돌아다녀라. 단, 10분 만이라도. 전혀 몸에 부담을 주지 않는 작은 움직임이지만 식후 바로바로 하는 버릇을 들이면 몸은 에너지를 소비하는 습관을 들이게 된다. 집에서도 먹고 바로 TV 앞에 앉지 말고 설거지를 한다거나 침대이불을 턴다거나 간단한 방 정리를 할 것! 10~20분 정도 움직인 다음 그 후에 앉아서 뭘 해도 하라는 것. 밖에서 친구를 만날 때면 쇼핑하고 밥 먹지 말고, 밥 먹고 쇼핑하는 스케줄을 짜는 것도 상당히 똑똑한 짓이다.

적당량을 먹는 사람들은 적당한 몸을 가져야 정상이다. 근데 주변을 보면 적당히 먹는데 몸이 마른 사람들이 있다. 운동을 전~혀 하지 않는데도 불구하고(심지어 운동을 미친 듯 싫어하는 경우도 있다) 먹어도 살찌지 않는 주변 사람들 몇 명만 찍어 연구해 봐라. 그들은 하나같이 ‘운동’은 하지 않지만 쉴 새 없이 움직인다는 걸 알 수 있을 거다. 그 움직임은 타인이 못 느낄 만큼의 작은 동작들이어서 눈여겨보다 보면 정신이 혼미해질 정도다. 책상 앞에 앉아서도 꼼지락꼼지락, 약간은 산만하다 싶을 정도로 자잘한 움직임들이 일반인에 비해 훨씬 많다. 산만하지 않고 점잖은 사람들의 경우는 흔히 하는 말로 엉덩이가 가볍다. 쓰레기 하나를 버려도 쓰레기통에 던져넣기보다는 직접 가서 버린다. 일찍부터 몸에 밴 이들의 습관을 다 따라가진 못하더라도 조금이라도 닮아가기 시작하면 그만큼의 결과가 있다는 사실!

이 비법의 또 다른 장점은 그 귀찮은 설거지와 청소가 즐거워진다는 것! 몸은 가벼워지고 주변 환경은 점점 깨끗해진다. 주의할 점은 살찐 사람들이 그렇듯 게으른 습관 또한 하루 이틀에 만들어진 게 아니므로 이 습관을 바꾸기 위해서는 최소 3개월 이상의 길들이기가 필요하다는 거다. 며칠 잘 하다가 어느 순간 청소가 귀찮고 지겨워서 그냥 밥 먹고 가만히 앉아 쉬어야겠다는 생각이 들면 몸보다 생각을 먼저 바꿔야 한다. 내가 지금 움직임으로써 살도 빠지고 집도 깨끗해진다! 모든 게 새로워진다~. 즐겁게 생각하자.

난 일부러 부산스럽게 움직이려고 노력해서 몸에 배인 게으름을 당연한 부지런함으로 바꿨다. 그러기 위해서 우선 자주 쓰는 물건을 멀리 두는 동선변경을 했다. 천성이 게으른 나는 소파에 앉아 눈에 보이는 리모

 디스 이즈 다이어트 THIS IS DIET

컨을 집기 위해 손을 뻗는 것도 귀찮아했다. 그런데 그 순간 '리모컨을 잡는 이 움직임에 내가 날씬해진다'는 최면을 걸었더니 운동은 물론이고 움직이는 자체를 싫어한 내가 조금씩 움직이기 시작했다.

물 마시러 가면서도 움직이고, 필요한 것들을 일부터 멀리 두고 한 번에 옮기지 않고 움직일 일을 많이 만들었다. 조금이라도 더 움직이려고 애쓰고 틈나면 청소부터 했다. 청소는 움직이는 습관을 들이는 데 굉장히 좋은 방법이다. 움직이는 만큼 공간도 깨끗해지니 이거야말로 일거양득이자 도랑 치고 가재 잡는 격이다.

예전에는 뭐 하나 가지러 가기 위해 움직이는 게 '귀찮아 죽겠다'는 생각이었는데, 이제는 '아 귀찮아'라는 생각이 드는 즉시 '움직이는 거야, 살 빠질 거야' 이렇게 생각을 바로 고쳐먹는다. 그럼 전혀 귀찮지 않고 모든 동작이 다 즐겁다. 생활습관만 바꿔도 살이 빠진다는 말은 바로 이런 것에서 비롯되는 거다.

택시를 타고 '어디까지 가세요?' 하고 기사분에 손가락으로 눈에 보이는 곳을 가리키며 '저기요' 했다가 택시기사한테 승차거부 당한 적이 몇 번 있다. 나는 그렇게, 뻔히 눈에 보이는 곳도 택시를 타야만 했던 엉덩이가 참 무거운 여자였다. 엉덩이가 보다 가볍도록, 항상 바삐 움직이는 몸으로 길들여야 한다. 퍼져 앉아 있는 지금 이 순간에도 당신의 몸에서는 무슨 일이 벌어지고 있다.

돈 펑펑 쓰기
diet

　다이어트를 하면 여러 가지 스트레스에 노출된다. 물론 다이어트를 하지 않을 때 받는 스트레스도 문제지만, 다이어트 중에는 더욱 스트레스를 잘 풀어줘야 한다. 특히 스트레스를 받을 때마다 폭식의 유혹을 받는 사람들은 자신만의 스트레스 해소법을 반드시 찾아야 한다. 나는 스트레스로 폭식하는 일은 없다. 다만 스트레스를 받으면 얼굴부터 두피까지 개기름 범벅이 될 정도로 피지분비량이 폭등하고, 그로 인한 트러블로 고생하게 된다. 그래서 항상 스트레스 해소법에 관심을 갖는다. 다른 사람들의 해소법도 궁금하고 나에게 잘 맞는 효과적인 방법을 찾기 위해 고군분투한다. 내가 찾은 가장 긍정적인 스트레스 해소법은 무언가를 배운다거나 운동하는 것!

　술값, 담뱃값, 외식비를 아끼는 대신 그 돈을 자기계발에 적극 투자하길 권한다. 평소 하고 싶던 운동을 시작해 제대로 배운다거나 골프, 승마 등을 익히는 데 투자하는 것도 좋은 생각. 그 외 여러 가지 만들고 그리는 것들을 배워볼 수도 있고, 새로운 악기를 배우는 일에 투자하는 것도 아주 좋다.

나는 사실 스트레스 해소에 가장 좋은 것은 쇼핑이라고 굳게 믿는 사람이다. 스트레스가 늘어날수록 더 자주 쇼핑해야 하고, 그러기 위해서는 더 많은 돈을 벌어야 하고, 그러기 위해서는 더 열심히 일해야겠구나 하는 생각을 늘 한다. 부모님이 금전적으로 절대 뒷받침해주지 않으니 뼈 빠지게 벌어야 한단 말이다. 그 과정에서 스트레스가 발생하면 이건 뭐 악순환이 아닐 수 없지만 또 이런 게 인생이려니 즐기려고 한다.

쇼핑은 놀라운 각성효과가 있다. 커피 8잔을 마시고도 숙면을 취하는 나, 밤 12시에 아메리카노 한 잔 마시고도 12시 10분에 바로 수면에 접어들 수 있는 언제나 피곤한 나지만, 가슴 뛰는 쇼핑을 다음날 계획해버리면 그 리스트를 수정하느라 새벽까지도 눈이 말똥말똥하고 늦게 자고도 새벽같이 일어날 수 있다. 쇼핑은 모든 스트레스를 날려버리고 지긋지긋한 업무와 얽힌 사람들까지도 쇼핑을 위한 돈을 가져다주는 아주 사랑스러운 존재로 바라보게끔 만들어버릴 정도다.

친구들이 종종 이런 질문을 한다. "부~~~자들은 왜 피부가 다 좋아? 스트레스 받으면 피부도 나빠진다며…… 그럼 그들은 스트레스도 안 받는다는 건가?" "글쎄. 나는 스트레스를 돈으로 푸는 부자들밖에 안 만나봐서"라고 웃어버리지만 난 진정으로 쇼핑의 힘을 믿는다. 단순히 옷이나

HELP CURE
HUNGER IN
NEW YORK

신발을 사는 행위부터 내게 필요한 모든 것에 대한 소비. 그 이상으로 스트레스를 풀어주는 도구를 나는 아직 만나보지 못했다.

여행도 소비라고 생각한다. 나는 아주 바쁘게 일할 수 있지만 최소 2주일에 한 번은 로키산맥 대자연의 품에 안기지는 못하더라도 강원도 그 어디라도 바람을 쐬고 와야 다시 힘을 내서 일할 수가 있다. 스스로 풍류를 즐기는 한량이라 일컬으며 자라온 나에게 돈을 번다는 것과 일을 한다는 것은 스트레스 그 자체다. 자연을 만나고 오가는 길에 소비하게 되는 모든 것에서 일상의 짐도 같이 보내버린다.

사치를 하란 것이 아니라 자신을 위해 현재의 즐거움과 미래를 준비하기 위한 투자와 소비에 절대 인색하지 말라는 것이다. 그 안에서 또 다른 기쁨을 찾아야 한다. 술잔을 부딪치며 몸을 망가뜨리는 시간들이 아니라 현실에 에너지가 되어주고, 미래에 밑거름이 될 만한 가치 있는 소비습관과 방향을 찾으라는 것이다. 쓸데없는 소비를 줄이고 그 돈을 쥐고 밖으로 나가라. 집에 앉아 컴퓨터게임이나 인터넷 서핑만 하고 있으면 먹는 것만 더 생각나고 움직일 일은 줄어든다. 그리고 괴로움만 쌓여갈 뿐이다. 아이쇼핑을 하고 사고 싶은 것을 골라보기도 하고 많은 것을 배워라. 어울려 차 한 잔이라도 하게끔 만드는 친구와 함께가 아니라 혼자.

요점은 살찌는 데, 먹는 데, 음식이나 술에 쓰던 돈을 자신의 기쁨과 계발에 투자하라는 거다. 이때 친구와 함께하면 혼자 즐기는 것 이상의 돈이 소모된다. 나중에는 몰라도 다이어트하는 동안은 배우는 것도 혼자 배우고 쇼핑도 혼자 하면서 식사도 혼자 즐길 것!

실패를 즐기는 오뚝이 다이어트
diet

실패하고 실패하되 될 때까지 멈추지 말기. 보통 한 번 실패한 사람은 그렇게 대략 또 1년을 넘긴다. 실패하더라도 두 손 놓고 쉬는 텀을 계속 줄여나가면서 마음을 잡고 재시도해야 한다. 나는 성공에 이르기까지 실패를 거듭했지만 그 기간을 줄이고 신경써오는 동안 식사량이 현저히 줄었다. 분명 다이어트에는 계속 실패를 했는데, 그 시행착오의 기간 동안 쉬지 않고 도전에 재도전을 거듭했다. 그러다보니 식사량이 과거보다 현저히 줄어 하루 세 끼 한 식단으로 꼬박 먹으면 물, 과일류가 들어갈 배가 없을 정도가 된 거다.

그래서 정상적인 식단은 하루 한 끼 혹은 두 끼(주로 밖에서 업무 때문에 사람들과 어울려 제대로 된 식사)를 먹고, 그 외에는 과일, 야채, 견과류, 우유 등을 주섬주섬 먹으며 식사를 채운다. 하루에 챙겨먹어야 할 좋은 것

들이 많기 때문에 하루 한 끼로 끝낸다 하더라도 절대 부족하지 않다. 심지어 배도 안고프다. 다만 적응되기까지 마음이 고플 뿐이다.

다이어트는 물론 라이프스타일을 변화시키는 데 있어서도 실패는 동반자와 같다. 매일 조금씩 실패하면서 매일 더 나아지는 거다. 뭐 대단히 큰 실패로 받아들일 필요 없이 바로 다시 시작하면 된다. 오늘 실패했다고 해서 완전 포기하는 건 정말 어리석은 일이다. 당장의 욕구억제도 하늘의 별따기 같은데, 평생을 이어온 습관 바꾸기가 어디 그리 쉽겠나? 당연히 원래대로 돌아가 실패를 몇 번 맛보는 게 정상이다. 바로 오뚝이처럼 일어서는 근성만 가지고 있으면 된다.

사실 좋다는 것을 골라먹는 것도 쉽지 않고, 무엇보다 꾸준히, 일관성 있게 지키기란 쉬운 일이 아니다. 방송에서 건강에 좋다고 말한 식품들이 품귀현상을 빚다 사그라지는 것도 결국 그만큼 실패와 포기가 많다는 반증 아닌가.

시도하고 실패하면 또, 시도하고 실패하면 또 시도이고, 그러니보면 멈춰 있는 게 아니라 크게 나아간 자신을 발견하게 된다. 식탐과 집착으로부터 어느덧 자유로워진 나를 발견하게 될 것이다. 평생의 습관을 한 순간에 바꿀 수 있을 거라 생각하는 것 자체가 큰 착각이고 욕심이다. 다만 실패했을 때 다시 시도하기 위해서는 늘 잘 보이는 곳에 적어 붙여두고 잊으면 상기시킬 수 있도록 스스로를 자극하는 것, 그건 자기자신만이 할 일이다. 내가 할 수 있는 건 딱 요 정도 내 경험을 알려주는 것뿐.

난 모든 것을 엄마가 다 해줄 만큼 꼼짝하는 것도 싫어하는 게으름의 대명사였다. 그러나 다 변했다. 내가 변했기 때문에 누구나 다 변할 수 있다고 생각한다.

이제는 매끼 식사에 야채가 없으면 이상하고 음식 자체가 거슬린다. 만약 커피와 통밀빵으로 대충 식사를 대신하면 계속해서 야채와 과일이 땡긴다. 뭘 애써 먹지 않으려 하기보다 몸과 피부에 득이 되는 것을 많이 먹으려 애쓰는 데 초점을 맞추면 자연히 나쁜 것을 덜 먹게 되어 습관 고치기가 쉬워진다. 식생활 개선은 그 자체만으로 삶의 질을 높여주는 효과가 있다. 다만 식문화를 제대로 갖춰가기 위해서는 여유, 곧 돈이 필요하다. 막말로 당장 입에 풀칠할 것도 없는데 닭가슴살, 발사믹소스가 다 어디야.

그러나 음식과 운동 등을 위해 없는 돈을 쏟아부으라는 것이 아니라 할 수 있는 선에서 한 가지씩 시도하는 거다. 화장품 충동구매, 별 변화도 못 주는 계획 없는 피부과 스케일링 한 번, 술값, 담뱃값과 어차피 마시는 탄산음료, 패스트푸드, 기타 외식, 군것질…… 이런 돈 줄여서 제대로 건강과 피부를 지키는 데 전환시키자는 거다. 없다없다 하면서도 화장품, 피부과, 술값에 쓸 돈은 있지 않나.

'돈이 없는데, 돈을 못 버는데' 라는 불만보다 진짜 부족한 건 의지와 아무짝에도 쓸모없는 자기합리화가 아닌가 살펴볼 일이다.

잦은 실패와 요요로 어차피 망가진 몸, 지금보다 10킬로그램 더 찐다고 달라질 것은 없다. 실패를 실패라 부르지 마라. 그냥 무슨 일 있었느냐는 듯이 바로 자연스럽게 다시 시작하면 그만이다. 꼭 언제까지 좀 더 막 살다가 새롭게 확실히 다시 시작해야지 하며 오버하고 설치다 일을 더 그르치고 만다. 수년간 살찐 몸으로 살아왔으니 5~6개월 더 못 참으란 법 없다. 너무 과하게 욕심내지 말고 믿음을 갖고 천천히 편안한 마음으로 다시 시작하자. 이번엔 진짜 마지막이다, 이런 마음도 갖지 마라. 마지막은 없다. 하다 실패하면 첨부터 혹은 완성한 그 시점부터 다음 단계를 다시 시작하는 거다. 포기를 뒷걸음질이라 생각하지도 마라. 포기는 그 자리에 잠시 멈춰 선 것일 뿐 다시, 또다시 계속 시도하면 결국 어느 순간에는 목표에 다다른다.

PART 5

다이어트 중에,
그리고
그 이후에 하는
피부관리

01

잇걸들의 날씬한 식사
diet

사회생활을 하는 사람이 외식을 끊을 수 있을까? 불가능하다. 특히 맛있는 외식메뉴에서는 자유로울 수 없기에 소식과 천천히 먹기를 강조한 것이다. 그 훈련과 함께 좀 더 주의해야 할 것이 있다면 가급적 뷔페 같은 곳은 피하고, 포만감이 있으면서 영양소를 골고루 섭취할 수 있는 것으로 고르길 권하는 바다. 맛있어야 식후 허무한 느낌이 없고 군것질에 대한 유혹에서 벗어날 수 있다.

친구들이 말한다. "너는 별로 많이 먹지도 않으면서 음식 메뉴 선택에는 까다로운 것 같아. 맛있는 것을 꼭 고집하고……." 진짜로 그렇다. 숟가락을 입에 넣었는데 맛이 없으면 더 이상 계속 참고 먹지 않는다. 배가 불러서가 아니라, 그것을 다 먹어버리면 맛없는 것으로 칼로리를 채웠다는 생각에 정신적인 만족감이 상당히 떨어진다. 과거 같았으면 일단 고픈 배를 채우고 맛이 아쉬우면 더 맛있는 것을 다시 먹었겠지만, 하루 먹는 양이 과거에 비해 굉장히 줄었기 때문에 더 맛있고 가급적 더 질 좋은 것들로 먹고자 하는 욕구가 커졌다. 돈이 조금 더 들어갈지 모르나 나쁘게 생각하지 않는다. 그렇게 먹음으로써 간식에 대한 욕구가 점점 줄어들고 있으니. 식후에 음료나 과자 같은 게 늘 먹고 싶던 예전과 달리 배불리 먹지 않아도 만족스런 음식으로 식사를 하고 나면 더 이상 아무것도 먹고 싶지 않게 되더라고. 그래서 자신 있게 권한다, 맛있는 음식을 찾아서 즐기라고.

나는 다이어트를 할 때도 고기는 늘 먹었다. 고기를 좋아하니 끊을 생각을 못한다. 그렇다고 살코기 위주로 먹은 것도 아니다. 고기 많이 먹고도 장수하려면 반드시 기름을 빼고, 채소와 함께 풍부한 단백질 위주로 섭취하라는데 기름 빼면 고기가 무슨 맛이란 말인가? 난 그냥 다 먹는다. 그래도 요요는 없었다. 치킨을 먹어도 껍데기 튀겨진 거 가장 좋아하는데 말이지. 기름기 많은 삼겹살, 항정살 등을 좋아해서 일주일에 한 번? 못해도 열흘에 한 번은 챙겨먹는다. 양념한 불고기류는 싫어해서 안 먹고, 소고기를 가장 좋아하니 특수 부위 위주로 즐겨먹고 집에서는 직접 양념한 기름기 없는 소염통도 구워먹는다.

고기 먹을 때의 습관이라고 하면 채소를 아주 많이 먹는 것. 상추쌈을 싸먹는 것을 좋아하지는 않고 고기 따로 채소 따로 먹는데 채소를 아주 많이 먹는다. 그리고 밥은 절대 안 시키고 어쩌다 일행이 시키면 한 숟가락 정도 입에 댄다. 탄산음료나 물도 같이 먹지 않고, 천천히 꼭꼭 씹어 먹다보니 과거 밥과 함께 4인분은 먹어야 뭔가 먹은 것 같았는데 이제는 혼자서 고기 2인분이면 배터지고 토할 것만 같고, 날씬한 지인과 여자 둘이 가서 밥 한 공기에 삼겹살 2인분이면 아주아주 충분하다.

먹고 싶은 건 먹어야 한다. 고기가 너무 먹고 싶은 날이 있는데 안 먹으면 그거 먹을 때까지 고기 생각밖에 안 난다. 먹고 싶은 건 꼭 먹으려고 하는 편이다. 간식류도 아니고 식사가 되는 음식들을 제대로 먹고 다니면 절대로 조각케이크 같은 게 생각나지 않더라. 참 신기하다.

고기를 많이 먹은 다음날은 거의 채식 위주로 가볍게 식사하고, 사람들과 우르르 피자라도 시켜먹으면 콜라나 소스류 첨가하지 않고 최대 두 조각, 초대형 피자의 경우 한 조각이면 아주 만족! 과거의 난 한판녀!!

다이어트 중 외식이라 하면 으레 채식을 생각하기 쉬운데 나는 다르다. 영양가가 있고, 너무 고칼로리는 아니면서 밀가루보다는 쌀이 주인, 조금을 먹어도 만족도가 높은 메뉴를 즐긴다.

다이어트를 한다면서 식사를 적게 먹고, 최대한 덜 먹기 위해 노력하는 것만으로 스트레스를 주어 결국 폭식하게 만들기 때문에 외식은 최대한 정상식에 가깝게 먹되 몸을 생각하는 메뉴나 마음이 든든한 메뉴들로 선택하는 편. 사회생활을 하다보면 항상 그럴 수는 없지만 건강하게 먹되 포만감 있게, 그리고 만족스러우면서도 먹고 나서 후회 없는 메뉴들을 찾는다. 물론, 내 입에 무조건 다 맛있어야 함! 건강과 다이어트를 위해 맛없는 걸 절대 참고 먹지는 않는다. 내가 즐기고 추천하는 날씬한 식사메뉴들이다.

고깃집인데 여기 점심메뉴에 있는 비빔밥을 엄청 자주 먹는다. 돌솥과 양푼 중 평소 뜨겁게 먹는 돌솥비빔밥을 안 좋아해서 양푼으로 선택한다. 곤드레비빔밥인데…… 장이 따로 나온다. 고추장, 된장 다 선택 가능한데, 작은 뚝배기에 자작하게 끓여 나오는 된장을 넣고 먹으면 진짜 맛있다. 밥은 반공기만 넣어 짜지 않을 정도의 장을 넣고, 매일 조금씩 바뀌는 반찬 중 나물반찬들을 양푼에 더 넣어 함께 비벼먹는다. 칼로리는 낮추고 영양은 높이면서 채소를 많이 먹을 수 있어 아주 좋다. 아쉽게도 우리 스튜디오 근처에는 이만한 비빔밥집이 없다.

＊ **미즈호 by 스시 마츠모토** 갤러리아백화점 명품관 지하 고메이494

식사를 하지 않은 채로 갤러리아 명품관에 가는 날이면 반드시 먹고 오던 마켓오의 활어회덮밥~ 풍부한 채소와 싱싱한 회가 들어 있어 먹고 나면 무척이나 든든했던 영양 만점 식사였는데, 올가을 갤러리아 지하가 '고메이494'로 리뉴얼 되면서 사라져버렸다.

건강과 다이어트를 책임질 훌륭한 메뉴들을 찾다가 새롭게 발견한 '스시 마츠모토'의 회덮밥! 감사하게도 밥이 따로 나오는데, 그럼에도 불구하고 그릇에 가득 담겨져 나오는 채소들…… 한 공기의 밥이 나오지만 많은 양이 아니다. 그것의 3분의 1에서 3분의 2 정도만 덜어 같이 나오는 참기름과 초장을 절대 짜지 않을 정도로만 넣고 비벼먹는다. 쌀알이 거의 느껴지지 않을 정도의 밥을 넣었을 뿐이지만 채소를 많이 먹게 되어 배가 진짜 부르다는 사실. 전혀 허전하지 않고 무엇보다 맛있어서 마음이 허하지 않다! 장국도 같이 나오는데 식전에 한 모금 정도 마시고 잘 먹지는 않는다. 국을 가급적 안 먹는 습관 때문에……!

백화점 지하 푸드코트에는 없는 게 없고, 칼로리가 높은 메뉴와 밀가루 음식들이 많은데, 튀기거나 볶지 않고 자극적이지 않은 이와 같은 메뉴를 선택하면 건강과 다이어트에 큰 도움이 된다.

* 고릴라 인더키친 신사동 도산공원 근처

케이준 닭가슴살과 오렌지, 감자 샐러드! 몸이 무거울 때는 탄수화물 위주의 식사를 조금 접어두고 닭가슴살 샐러드를 먹는다. 직접 만들어 먹기 번거로울 때 스튜디오와 가까운 고릴라 인더키친에 가는데, 여기는 이탈리안 푸드 스타일이지만 버터와 크림이 들어가지 않고 딥프라이 요리가 없다. 그래서 칼로리 부담도 적고 몸에도 좋고!

내가 먹는 샐러드에는 감자가 들어가는데 감기는 신 맛난 편이고, 시킨과 채소 위주로 한 접시 싹싹 먹어치운다. 요리에 과일이 들어가는 거 안 좋아하지만, 이 메뉴에는 먹기 좋게 손질된 오렌지가 들어간다는 거. 다소 텁텁할 수 있는 닭가슴살과 먹으면 맛이 최고.^^ 먹는다고 먹었는데 뱃속이 허전하거나 너무 다이어트식에 가까워 마음이 허한 음식들은 오히려 다이어트에 좋지 않더라. 군것질 생각만 더 나니까. 이젠 샐러드 메뉴라도 먹고 나면 정말 든든하다.

＊ 강변민물장어 청담동

리베라호텔 건너편 영동대교 남단에 있는 70년 전통 장어집. 장어가 체질에 잘 맞아 스테미너식으로 종종 먹는데 유명한 집들은 웬만큼 가 봤지만, 여긴 특히 재료도 좋고 맛도 최고! 그것을 아는 어르신들이 많이 오시는 편! 미리 예약을 해서 꼭 창가에 앉는다.^^ 그 이유는 직접 가보면 알 수 있다.

소금구이를 좋아하는데 아무래도 일행이 있으니 소금구이 반, 양념구이 반을 먹는다. 평소 육류를 엄청 좋아해 먹고 싶을 때는 참지 않고 꼭 먹는 편이지만, 다행히 생선류, 특히 장어도 좋아해 고기가 먹고 싶을 때는 장어로 메뉴를 바꾸는 편. 고단백 음식인 건 누구나 다 아는 사실. 피부미용과 노화방지에도 좋고, 비타민 A가 소고기의 1000배라나 뭐라나. 이외에도 장점이 많은 건강식이다. 아무리 몸에 좋은 것도 과식하면 의미없음! 과거에는 서너 마리 정도도 거뜬했는데, 이제는 반찬과 함께면 한 마리만 먹어도 배부르고…… 두 마리 먹으면 일어서지 못함. 정말 맛있다!!

＊ 점봉산 산채마을 이천 도예촌사거리 지나

경기도 이천시 사음동에 있는 나물밥집이라고 해야 하나? 여기 가면 산채비빔밥이랑 약백숙을 시킨다, 항상. 이곳을 좋아하게 된 데에는 짝통 산나물이 아닌 오리지널 산나물로 만들어진 산채비빔밥과 서울서는 구경도 못할 산나물 반찬들이 기가 막힌 것도 있지만, 먹고 난 그 다음

 디스 이즈 다이어트

날 몸에서 일어나는 반응이 남달라 거의 중독에 가깝다. 사장님께서 진
짜 심마니이심. 다 직접 공수해온 재료로 식사를 준비해주시는데, 여기
서 밥 먹은 다음날은 꼭…… 이런 말하긴 좀 그렇지만 장청소가 된다.
뭐라 말하긴 그렇지만 아무튼 다음날 속이 다 비워지는 게 진짜 신기하
다. 때문에 서울서 아~무리 빨리 내달려도 40분은 더 걸리는 곳에 위치
해 있지만, 한 달에 한 번은 꼭 가는 편. 물론 자주 갈 때는 2주에 한 번
정도. 특히 아끼는 사람들은 거의 한 번씩 다 데려갔었지……. 요즘엔
나도 바빠서 잘 못 가지만, 늘 생각나는 집. 여기서 밥을 먹다보면 뉴스
에서나 보던 알만한 기업의 회장님들도 종종 보게 됨.ㅎㅎㅎ

사장님 사모님 모두 친절하시고… 처음엔 약백숙이 약간 입맛에 안
맞았었다. 프라이드 치킨은 좋아해도 백숙은 별로 안 좋아했기에……
두 번 먹고 맛에 익숙해졌다. 포장도 된다.

✻ 베키아앤 누보 신사동/도산공원점

블루베리 스무디. 이것은 아침을 대신해서 자주 마시는 편인데, 베키
아앤 누보 스무디는 진짜 리얼 스무디이다. 집에서 블루베리 스무디를
만드는 대로 만들어주기 때문에 맛도 영양도 남다름! 일반적인 커피 프
렌차이즈나 스무디 체인의 블루베리 스무디보다 가격이 두 배 정도 되
긴 하지만 결코 비싸다 할 수 없는 건, 맛과 향을 내는 첨가물이 들어간
파우더를 넣고 만든 스무디와 달리 가정식이라 정말 엄마가 만들어준
블루베리 스무디 같단 거지. 영양가 있는 1만 원짜리보다 영양가 없는

5000원짜리가 더 낭비란 생각이다.

커리샐러드. 베키아앤 누보만의 커리소스에 버무려진 닭가슴살 위에 발사믹소스를 곁들인 채소가 듬뿍 대접에 나오는데 한 대접 먹고 나면 포만감 장난 아니다. 닭가슴살이 정말 부드럽고 풍부해서 다른 샐러드에 비해 굉장히 든든하다는 장점!! 샐러드로 식사 대신하고 간식 생각 안 나는 샐러드는 흔치 않거든. 친구들도 이거 좋아하는데 독특한 커리소스가 상당히 중독성 있다고 다들 입을 모으지.

진주음식 전문점 하모, 전체적인 메뉴가 굉장히 담백하고 깔끔한 맛이 일품인 한식당. 비빔밥 하면 전주비빔밥이 먼저 떠오르지만 이곳에서는 진주비빔밥을 맛볼 수 있다. 함께 나오는 반찬들이 매일 바뀌는데 전부 다 맛 있어서 '허제반' 하나 시켜먹어도 엄청 많은 것을 먹은 느낌에 든든하다. 밥을 절반 덜어내기 않으면 정말 너무 배부름. 위처럼 곁들인 '칠보화반' 도 즐겨먹는데, 밥과 장은 꼭 따로 달라고 말한다. 비빔밥뿐만 아니라 '진주스타일' 의 다양한 한식 메뉴들을 맛볼 수 있고, 분위기도 점잖고 조용해서 이태리레스토랑이나 일식집에서의 미팅이 지겨울 때 이곳을 찾는다. 업무적으로 만나 그다지 친분이 없는 사람들을 데리고 가더리도 시간이 지나면 항상 이곳을 물어본다.

사무실 근처는 온통 파스타 집이라 한식을 제대로 먹기가 힘든데, 건강과 다이어트를 위해 내게는 아주아주 중요한 식당이다.

02

다이어트와 함께하는 식탁 안티에이징

diet

폭식, 스트레스, 수면장애, 알코올 섭취는 노화의 주범이다. 노화가 진행될수록 활성산소도 증가하는데, 과도한 운동 또한 활성산소를 증가시키는 요인이다. 이러한 활성산소를 없애기 위해 반드시 항산화제를 따로 복용할 필요는 없다. 신선한 과일을 많이 먹으면 효과적인데, 마늘과 양파도 아주 좋고 토마토와 브로콜리 역시 탁월한 효능이 있다.

다이어트를 위해서는 무엇을 먹느냐보다 적게 먹고 천천히 먹는 것이 가장 중요하다. 그것을 달성했으면 그다음부터는 몸과 피부의 건강을 위해 무엇을 먹느냐, 즉 활성산소를 없애주는 항산화물질이 풍부한 제품을 먹는 것이 식습관의 포인트!

식탁에서도 안티에이징이 가능하다. 다이어트와 안티에이징을 동시에 만족시키려면 항산화 음식을 즐겨라. 항산화 식이요법은 노화예방에 아주 좋은데 된장, 청국장, 콩, 두유, 두부, 양파, 버섯, 콩나물, 숙주, 양배추, 파프리카, 애호박, 오이, 피망, 카레 등을 즐겨먹으면 된다. 그 외에도 검은콩, 들기름, 요구르트 드레싱, 발사믹 드레싱, 오리엔탈 드레싱, 마늘, 토마토(파스타를 먹을 때도 크림파스타를 훨씬 더 좋아했는데 꽤 오래 전부터 파스타 하나를 먹어도 토마토소스를 찾는다), 시금치무침, 브로콜리, 연어, 고등어, 매실, 식초 등도 훌륭한 항산화 음식이다. 항노화 식품의 특징은 꾸준히 6개월 이상 장복해줘야 한다는 점. 물론 그보다 빠른 효과를 보기도 하지만 섭취 3개월 만에 효과가 있네 없네를 섣불리 판단하는 것은 좋지 않다.

내가 평소 즐겨먹는 항산화 음식 몇 가지를 소개한다. 앞에서도 언급한 하루에 5색 과일채소 먹기와 같은 연장선상에서 이해하면 적잖은 도움이 될 거다. 천연 항산화 음식으로 젊음과 건강을 영원히(?) 유지해보자.

검은콩 —— 머리카락의 노화와 머리카락이 가늘어지는 것을 막고 탈모도 예방이 된다. 모든 콩이 어느 정도 모발에 효과적인데, 항노화식품으로 콜라겐이 증가하고 피부탄력에도 효과가 있다.

들기름/아마씨유 —— 의사선생님들도 오메가-3는 식품으로 섭취하길 권유하는데 들기름/아마씨유에는 오메가-3가 풍부하게 들어 있다. 트랜스지방 때문에 식용유에서 올리브유로 바꾼 사람들이 많을 텐데 올리브유나 포도씨유에는 오메가-3가 거의 없다. 난 참기름보다 들기름으로 요리한다. 볶아서 짜낸 검은 들기름 말고 생 들기름으로. 비싼 게 단점이지만 오메가-3 섭취를 위해! 들깨가루를 뜨거운 물에 타 꿀을 넣어 먹는 건 엄마가 예전부터 주던 것이고, 발사믹과 올리브유 혹은 발사믹과 생 들기름으로 잼버터 대신 빵 찍어 먹고, 샐러드에 드레싱한다. 소량 구입하여 빨리 먹고 서늘한 곳에 보관해야 한다. 금속뚜껑은 산패를 일으키니 주의. 들기름, 올리브유가 몸에 좋다고 막 먹으면 살찐다, 기름은 기름이니까.

고등어 —— 고등어에는 오메가-3 지방산인 DHA가 연어의 두 배 정도 함유되어 있다. 생고등어가 소금에 절인 고등어보다 영양가가 높은데, 눈 뒤에 오메가-3가 많다고 한다. 오메가-3는 체내 생성이 안 되기 때문에 반드시 음식으로 섭취해야 하는데 기억력 증진, 치매예방, 뇌활성화에 좋다. 오메가-3 지방산은 피부 수분은 붙잡아 둔 상태에서 피부막을 강화시키는 효과가 있으며, 꾸준히 섭취하면 피부 트러블, 염증에 도움을 준다. 그러나 생선 역시 과다섭취하면 면역체계를 위협한다. 한 주에 두세 번 정도가 적당하다. 근육을 위한 단백질 섭취 시 닭가슴살 요리를 먹는 중간중간 고등어를 섭취하면 지겹지 않게 먹을 수 있다. 무수분 요리가 가능한 조리도구를 이용해서 기름 없이 구워먹는 것도 좋은 방법이다. 전자레인지를 쓰지 않아야 오메가-3 손실을 줄일 수 있다.

마늘 ——— 마늘은 일상적으로 꾸준히 먹어야 한다. 다진마늘은 기름에 볶아야 기화를 억제해 효과가 극대화되고, 매일 3~4쪽 마늘장아찌로 먹는 것도 바람직하다. 육류를 먹을 때 함께 먹으면 독성을 줄여줘서 좋다. 항산화제 역할을 하며 원활한 혈액순환에도 도움이 된다. 몸이 냉한 사람들에게는 굉장히 좋은 식품이지만 열이 많은 사람들은 양을 줄여 먹을 필요가 있다

토마토 ——— 육식이나 산성식품 중화에 효과가 있고, 골다공증과 치매예방에 도움이 되며, 몸의 신진대사가 활발(세포복구)해진다. 피부노화를 막는 것은 물론 자외선으로부터 피부가 손상되는 것을 막아주는데, 자외선이 피부노화의 큰 적인 만큼 토마토를 먹으면 피부에 큰 도움을 준다. 가열하거나 올리브기름과 함께 먹으면 라이코펜 흡수율이 높아지고 센 불에 익혀먹으면 항암효과를 높여준다. 파스타를 먹을 때도 토마토소스 파스타와 토마토주스, 돈가스와 오므라이스 등을 먹을 때도 토마토주스를 곁들이면 부족한 영양소를 섭취할 수 있다. 피부에 정말 최고라고 생각하며 자주 많이 먹어라.

시금치(케일) ——— 시금치는 뿌리까지 조리해서 먹는다. 시금치무침을 싱겁게 해서 시금치 자체의 맛을 즐기면 생각보다 시금치가 고소하다는 것을 느낄 수 있다. 시금치에는 눈에 좋은 루테인과 베타카로틴 등이 들어 있으며 피를 맑게 하고, 비타민과 무기질이 풍부하여 항산화제 역할

을 한다. 20초 정도 짧게 데쳐서 섭취해야 영양소가 파괴되지 않으며 올리브기름에 살짝 볶아먹어도 좋다.

 천연항암제 브로콜리가 좋은 건 이제 누구나 다 아는 것. 너~무 오래 먹어서 사실 요즘 이 맛에 좀 질려 있긴 하다. 예전 어느 잡지를 보니 야채 중에서 단백질이 가장 많은 최고의 야채라고. 보통은 브로콜리랑 콜리플라워를 살짝 데쳐서 발사믹소스를 곁들여 먹는다. 브로콜리를 섭취하면 자외선으로부터 피부암을 예방하고, 자외선에 의한 홍반이 감소하는 등 피부 방어력 증가! 60도 온도에서 10분 정도 열처리(스팀, 데치거나)를 하여야 영양소 파괴가 덜하다.

 노화억제, 혈액순환 원활, 피부미용, 항암효과, 두뇌발달(어린이), 집중력 향상…… 견과류의 이런 효과들을 읽다보면 '음식이 어떻게 이 정도까지?' 라고 의심을 하는 사람들이 있는데 신기하게도 그런 사람들이 약의 효과는 맹신한다. 그런데 음식은 정말 효과가 있다. 일주일에 2~4회 이상 먹어야 효과가 있는데 땅콩으로는 하루 한 줌(소금간 안 된 것) 25알 정도를 먹어야 한다. 너무 많이 먹으면 칼로리 문제가 있으니 적당량을 갈거나 작게 썰어서 샐러드 먹을 때 뿌린 다음 발사믹드레싱을 얹어먹는다.

호두, 아몬드, 캐슈넛, 피스타치오, 호박씨, 해바라기씨, 마카다미아, 피칸 등 다양한 종류를 먹도록 한다. 견과류 특유의 딱딱한 걸 씹는 느

낌 자체를 싫어하는 사람들도 있다. 견과류 껍데기의 떫은맛도. 사실은 나도 땅콩과 잣을 싫어한다. 어릴 때도 오징어땅콩 과자를 먹을 때 땅콩은 다 버렸다고 한다. 하지만 이젠 익숙해져야 한다. 왜냐면 군것질 대신하면 포만감도 생기고 식욕이 억제되는 효과가 있으므로. 동물성지방을 줄이는 대신 견과류로 대체해서 먹는 게 좋은데, 육류 다 먹고 견과류까지 더 먹으면 당연히 살찐다. 조심해라!

 블랙베리, 라즈베리, 스트로베리, 블루베리, 블랙라즈베리(복분자), 크랜베리 등 모든 베리류는 야채와 과일 중 항독물질을 가장 많이 함유하고 있어서 피를 맑게 하고, 항암효과와 피부미용에 탁월하다. 블랙베리와 라즈베리는 가루를 물에 타서 섭취할 수도 있다. 베리류는 과일 중에서도 특히 좋아하는 거라 잘 먹는다. 과일은 보통 씨를 먹으면 좋다는 얘기를 많이 듣지만 베리류야말로 씨도 많고 씨를 같이 먹기도 가장 쉬운 과일이 아닌가 싶다. 건조된 거라도 가지고 다니며 거의 하루도 빼놓지 않고 먹는다. 포도보다도 훨씬 많은 항산화제를 함유한 베리류는 맛있어서 먹고 곱게 늙고 싶어서 먹고.

 적포도주에 들어 있는 레스베라트롤은 자외선을 차단해 피부를 보호하고 활성산소를 효과적으로 제거하여 강력한 항산화작용, 피부재생 촉진, 치매예방, 면역력 강화(감기예방) 등에 도움을 준다. 3주만 꾸준히 섭취해도 콜레스테롤 지수가 떨어진 걸 확인할 수 있다는데,

 디스 이즈 다이어트

성인 여자 기준 하루 1~2잔, 남자 2~3잔 정도의 적정량 섭취가 중요하다. 과하면 역시 득이 아니라 독이 될 수 있다. 술이 약해 와인 반 잔에도 넘어가는 사람들은 군이 노화예방을 위해 와인을 마실 필요가 없겠지. 적포도주 목욕은 피부를 맑게 하고 각질제거에도 좋다. 클레오파트라는 욕조에 와인 한두 병을 부었다는데, 4분의 1병만 넣어도 땀 잘 나고 효과적이다. 볶음밥이나 스테이크를 요리할 때 와인을 사용해도 좋다.

고구마 ——— 활성산소를 없애는 항산화 능력이 탁월하고 각종 비타민과 무기질이 풍부한 고구마는 탁월한 섬유질을 자랑하는 다이어트에 좋은 식품이다. 연예인들도 굉장히 많이 먹는데 찐고구마보다 무수분 요리를 해야 진액을 보존해 아주 달고 맛있게 먹을 수 있다. 고구마를 안 먹던 우리집이 다이어트할 때 내가 먹기 시작하면서, 또 고구마의 효능이 이슈가 되면서 365일 고구마가 끊이지 않는다. 아빠는 군고구마 장수가 울고 갈 정도로 아주 기가 막히게 고구마를 굽는데, 비법은 무수분 요리다. 박박 문질러 씻어서 껍질째 구워먹기도 하는데, 보라색 껍질에는 속보다 항산화물질이 더 많이 포함되어 있어서 반드시 먹는다(노란고구마보다 항산화효과가 뛰어난 자색고구마를 사다 먹어도 좋다). 씻은 고구마를 무수분요리가 가능한 팬이나 냄비에 넣고, 아주 약한 불로 40분~1시간 정도 지나면 맛있게 구워진다. 나도 아빠 따라서 구워보기도 하는데 아빠가 해주는 그 맛이 나지 않는다.

   카레의 강황에는 암예방, 고혈압, 활성산소를 억제하는 항산화 효과가 있다. 일본 S&B카레는 맛은 좋다지만 칼로리가 높은 편인데, 순카레를 쓰면 칼로리가 낮아서 좋다. 시중에서 파는 카레는 가정에서 카레요리를 간편하게 할 수 있도록 카레분과 밀가루, 토마토, 식용유 등의 기타 재료를 혼합하여 만든 것이고, 순카레는 카레라는 10종 이상의 향신료를 분쇄하여 만든 것을 말한다. 순카레는 고기나 생선의 잡내를 제거하는 데 효과적인데 카레 요리에 카레맛을 더욱 풍부하게 하도록 후추처럼 뿌려 먹어도 좋다. 볶음밥에 뿌리면 카레볶음밥이 되는 거지.

03

패스트푸드를 먹는 나만의 비법
diet

패스트푸드 중독은 극복해야만 하는 숙제다. 어릴 때부터 즐겨 먹어 오던 패스트푸드 끊기란 정말 쉬운 일이 아니다. 입맛이 그 익숙함을 자꾸만 쫓아 가만히 있다가도 햄버거를 먹고 싶다는 생각이 드니까 말이다. 악마의 유혹이란 표현이 딱 맞다. 패스트푸드는 겁나 맛에무식한 음식이다. 패스트푸드 업체들이 광고에서 흔히 얘기하는 '영양'에 속아서는 안 된다. 진짜 영양은 집에서 먹는 밥에 있는데, 패스트푸드에서 영양 찾다가 영양은커녕 병까지 보너스로 업어오게 된다.

패스트푸드 위주의 식사를 하게 되면 하루 동안의 일상적인 움직임으로는 섭취한 칼로리를 다 소모하지 못하므로 살이 찔 수밖에 없다. 몸매 관리는 갈수록 남의 이야기가 되고 피로감은 날로 더해진다. 미네랄 결핍은 물론 간상태도 나빠지고 혈액순환 장애까지 올 수 있다는 많은 증

거자료들이 이미 사방에 깔려 있다. 그런데 전 세계적으로 패스트푸드를 깎아내리고 질타하다 보니 패스트푸드 매출이 떨어져 어딜 가나 할인이다. 세트할인은 물론 팩으로 묶어서 싼값에 골고루 배터지게 먹을 수 있다. 정말 무서운 놈들! 무조건 뿌리쳐야 한다.

하지만 내가 뿌리치지 못하는 패스트푸드 메뉴가 하나 있다. 그것은 바로 버거킹 치즈와퍼! 더 정확히 말하면 치즈와퍼 세트! 세트로 모두 먹으면 무려 1219칼로리로 다이어트 시 하루치 칼로리에 육박한다. 다이어트 성공 이후에도 한동안은 최소 일주일에 한두 번 정도 꼬박 먹어왔다. 물론 콜라는 두 모금 정도만 빼고 버거와 감자튀김만. 그런데 살은 찌지 않았다. 아무래도 버거세트를 먹은 날은 배가 너무 불러서 하루 두 끼 정도밖에 먹지 않았기 때문이리라.

그리고 한 가지 더, 독약 같은 패스트푸드라지만 절대로 안 먹고 살 자신 없는 버거킹 치즈와퍼를 먹는 나만의 방법이 있다. 우선 치즈와퍼를 먹을 때는 세트를 주문한다. 감자튀김 역시 몸에 이롭지 않은 건 알지만 어쩐지 같이 먹어야 제 맛이지 버거만 먹으면 아쉽다. 대신 최대한 콜라를 안 마신다. 버거 먹기 전 시원하게 한 모금, 전부 다 먹고 나서 마지막으로 한 모금. 주문할 때는 반드시 올엑스트라로 달라고 한다. 올엑스트라라고 말하면 과거에는 금액 추가 없이 채소를 가득 넣어줬는데 언제부턴가 추가 금액을 요구하더라고. 그래도 좀 더 많은 채소 섭취를 위해 올엑스트라로 먹는다. 그나마 다른 버거에 비해 채소를 많이 먹을 수 있다는 것에 위안 삼는다. 치즈와퍼는 치즈가 두 장인데 맘 같아서는 치즈를 더 추가하여 서너 장 먹고 싶지만 따로 추가하지 않는다.

버거가 나오면 일단 나이프를 이용해 포장을 벗기지 않은 상태로 절반을 자른다. 물론 반만 먹으려는 것은 아니다. 버거킹 와퍼가 다른 햄버거와 다른 큰 특징은 아래쪽 빵 위에 고기패티가 있다는 것. 그리고 그 패티와 아래쪽 빵 사이에는 특별한 소스가 없다는 것. 즉 맨 아래 빵을 빼고 먹는다 해서 맛에 큰 지장이 없을 뿐 아니라 소스가 여기저기 묻어날 염려가 없다는 것이다. 그래서 맨 아래 빵은 늘 빼고 먹는다. 이렇게 와퍼를 먹어온 지 4년. 이젠 주변 친구들도 모두 나처럼 와퍼를 먹는다. 한 번에 빵을 쭉 빼버리면 쥐고 먹기가 힘들기 때문에 먹으면서 빵을 조금씩 뜯어낸다. 처음에는 친구들도 뭐하는 건가 하는 눈빛으로 봤지만 맛의 차이도 못 느끼고 조금이라도 칼로리를 줄일 수 있기 때문에 곧바로 다 따라하더라고.

세상에는 맛있는 수제버거가 넘쳐나지만 그런 것들은 빵을 빼면 맛에 변화가 있더라. 그래서 버거킹 치즈와퍼를 고집했지만 요즘은 무슨 버거, 무슨 샌드위치를 먹든 빵은 무조건 빼고 먹는다. 도저히 끊을 수 없기에 이렇게라도 먹는 것일 뿐 다이어트에 좋은 건 절대 아니다. 오늘도 나는 버거킹 영양분석표를 책상 옆에 붙여두고 스스로를 자극한다. 하루치 칼로리가 버거세트 하나에 다 끝나버린다고 되새기고 또 되새긴다.

04

간단하고 쉬운, 다이어트 중 피부관리법

diet

다이어트를 하면서 살이 빠지면 피부도 생기를 잃는다. 건강한 다이어트는 오히려 몸이 더 좋아지는 것인데도 바람 빠진 풍선마냥 어딘가 에너지가 빠져 보이는 것이다. 이때 주위 사람들로부터 '아파 보인다', '빈티 난다', '통통한 게 더 낫다'는 소리를 듣고 상처라도 받으면 다이어트를 포기할까 고민하게 된다. 스스로도 거울 속에 비친 자신의 모습이 어딘지 모르게 푸석해 보일 때가 있는데, 다이어트 할 때야말로 피부에 건강한 윤기가 흘러주어야 더 예뻐지는 것 같고 건강해지는 것 같아서 더욱 힘이 난다.

생기가 없어 보이는 건 일시적이다. 실제로 식사량이 줄어들면 조금 기운이 없기도 한다. 그것은 몸에 에너지가 부족한 것이 아니라 과거보다 줄어든 식사량으로 인한 정신적 공허함 정도로 해석하는 것이 맞다.

그 가운데 실제로 빠진 살로 인해 핼쑥해 보이니 더욱 기운이 없어 보이는데 이럴 때일수록 피부관리가 중요하다. 물을 마셔서 수분을 섭취하는 것은 더 말할 필요가 없는 아주 기본 중의 기본! 그 다음은 시트마스크나 젤마스크를 간단히 붙여 유수분을 공급하는 것을 추천한다. 다이어트 중에는 복잡하고 디테일한 피부관리법은 별 도움이 못 된다. 간단하고 쉽게 할 수 있는 것이 최고다. 붙이는 마스크만한 것이 없다.

보통 피부가 푸석하고 거칠게 느껴지면 스크럽제 같은 각질제거제부터 찾는데 잘못된 거다. 각질이 탈락하지 못해 피부결이 거친 경우도 있지만 외부자극으로 인한 단순 표피손상이나 수분 부족으로 인해 푸석한 경우가 아주 많기 때문이다. 다이어트를 통해 몸이 건강한 상태에 가까워질수록 오히려 각질탈락 주기는 정상을 회복하며 피부는 건강해진다.

물론 잘못된 다이어트로 몸만 날씬해지면 건강과 피부에 별 효과를 못 본다. 다만 식사량을 줄이면서 수분섭취까지 줄이며 피부는 푸석해지기 쉽다. 피부 스스로 재생하는 힘이 좋아지는 때일수록 더욱 잘 관리하여야 한다. 스크럽을 사용하기보다 마스크를 이용해 우선적으로 수분을 공급한 뒤 피부를 살펴가며 내게서 느껴지는 그 푸석함이 수분 부족인지 각질 때문인지 살펴라. 대부분은 마스크만으로도 피부결이 회복되고 윤기가 흐른다. 마스크 사용으로도 아무런 효과가 없다면 그 이후에 물리적, 화학적 각질제거제를 사용해도 늦지 않다.

몸이 건강해지면 피부도 건강해진다. 각질탈락과 재생이 원활해져 각

질제거 제품을 쓰는 횟수가 현저히 줄어들게 되고 화이트닝 제품을 쓸
필요성조차 점차 못 느끼게 될 것이다.

05

청국장 먹여 키운 매끈한 피부
diet

청국장에는 레시틴과 사포닌이 들어 있어 지방과 콜레스테롤을 체외로 배출시킨다. 또한 혈관을 건강하게 하고 철분과 미네랄이 풍부해 빈혈에 도움이 되므로 다이어트 중에 섭취하면 좋은 음식이다. 유산균이 엄청 풍부하고 장내 생존율이 높아 유산균 음료를 띠고 납귀일 별뇨 없이 변비에도 도움이 되며 성인병과 당뇨에도 좋다고 알려져 있다.

나는 다이어트를 하면서 간식으로 청국장가루를 먹었다. 비위가 약한 내가 청국장가루 따위 쉽사리 먹었을 리 없지만, 그건 모두 엄마의 영향 때문이었다. 우리 엄마는 피부가 정말 좋고 흔히 말하는 맨들맨들한 피부인데 이상하게 종아리만 흔히 '뱀살'이라고 하는 각질 모양을 보이고 바디로션을 발라도 늘 건조하고 각질 탈락도 제대로 안 돼 각질이 일어나는 거였다. 오랜 세월 동안 엄마의 고민 아닌 고민이었는데, 수년 전

초기암으로 수술을 한 이후 항암효과가 탁월하다고 한때 알려진 청국장 가루를 엄마는 그때부터 쭉 먹어왔다.

내가 처음 청국장가루를 먹은 건 엄마가 먹기 시작한 지 1년 정도 됐을 무렵이었다. 그때 엄마와 나는 놀라운 것을 목격하게 되었다. 엄마의 다리에 늘 거슬리던 각질이 하나도 안 보일 정도로 모두 사라진 것! 바디로션을 전혀 바르지 않아도 다리는 물론 온몸이 매끈매끈해지고 피부에서 광이 날 정도가 되었다. 내가 말하면서도 과장 같지만 진짜 그랬다. 그 정도가 아니었으면 내가 미쳤다고 청국장을 먹었겠나, 그 냄새 나는 것을…….

엄마의 다리에 놀라 호들갑을 떨었더니 거의 6개월 정도 먹었을 때 확신할 정도로 피부가 완벽히 변한 걸 느꼈다고 했다. 나는 그런 윤기를 바란 것이 아니라 오직 여드름! 여드름이 낫지는 않더라도 피부 재생력이라도 좋아질까 싶어 여드름 자국이나 흉터 같은 거 생기지 않길 바라는 마음에 먹기 시작했다.

사실 엄마는 요구르트, 우유, 두유, 오렌지주스 등 청국장가루를 안 타 먹어본 게 없다. 어떻게 먹으면 가장 맛있을까는 청국장가루를 먹는 사람들의 숙제일 수밖에 없다. 엄마의 경우 요구르트와 두유가 제일 먹기 좋다고 했고 난 오직 두유! 두유만이 청국장가루가 목구멍으로 넘어갈 수 있게 도와주었다. 단백질 위주의 간식이기 때문에 큰 부담 없이 다이어트 중 허기질 때 마셨다. 하루 한 번 정도? 많이 먹기보다는 장복하라는 엄마의 말에 한 번씩 매일 먹었다.

뚜껑을 돌려서 오픈하는 오렌지주스 미니사이즈 병을 씻어서 말린 다음 매일 그 속에 청국장가루 3티스푼 정도를 담아서 학교에 갔다. 학교 근처 편의점에서 두유를 하나 사 그 속에 부어 흔들어 마시고 다시 한 번 부어 흔들면 남김없이 깨끗하게 다 마실 수 있었다. 사용한 플라스틱병은 여러 번 재활용하지 않고 버렸다(물론 분리수거). 그렇게 매일 3개월을 먹었다.

엄마의 항산화 제품, 나에게는 다이어트 중 허기를 달래던 간식이었는데 달라진 피부는 눈으로 보면서도 놀라웠다. 여드름이 사라지는 데 도움이 됐는지는 사실 모르겠다. 청국장 때문에 여드름이 줄어든다는 걸 확실히 느낀 적은 없으니. 다만 여드름이 지나간 자리에 자국과 흉터가 깊지 않게 도와주는 것은 확실히 느낄 수 있었다.

지금이야 여드름이 눈에 띄게 줄어 최근에 만난 사람들은 내가 여드름 피부인지도 모르지만, 쉬지 않고 올라오던 여드름에 비해 자국과 흉터가 적은 것, 피부결이 심하게 망가지지 않은 것은 모두 청국장 상복 덕분이라고 생각하며 영광을 돌린다.

나는 지금 그 흔한 화이트닝제품, 주름이나 탄력개선 기능성 제품은 하나도 안 쓴다. 바르는 것이 아니라 먹어서 좋아지는 것들로 더 빠른, 기대보다 훨씬 빠른 효과들을 눈으로 보았기에 바르는 안티에이징 화장품에는 기대조차 없는 거다.

나는 청국장가루를 한 6개월 아~주 열심히 먹다 질려서 포기하고 근래에 다시 먹기 시작했는데, 6개월은 장복해야 확실히 달라지는 걸 느낄 수 있다. 얼굴의 잔주름이 개선되거나 그런 건 아니지만 피부가 아주 매끈해지고 거칠었던 종아리에서는 한 껍데기가 벗겨진 듯 광이 난다. 물론 건강을 위한 전체적인 노력도 함께해야 하겠지만 청국장이 확실히 피부재생이나 각질 탈락에 효과적이라는 것쯤은 느끼게 될 거다.

06

늦지 않는 다이어트, 토코페롤
diet

주변의 지인들 중 2012년 현재를 기준으로 35~50세의 나이보다 훨~씬 어려보이는, 그야말로 동안피부와 건강을 자랑하는 사람들이 모두 공통적으로 3~7년 정도 장기복용하고 있던 것을 알아냈으니 그것은 바로 토코페롤. 토코페롤은 비타민 E의 한 종류로 비타민 E는 세포 내에서 산화되기 쉬운 물질, 특히 세포막을 구성하고 있는 불포화지방산의 산화를 억제함으로써 세포막의 손상과 더 나아가 조직의 손상을 막아준다.

제품들은 캐나다산, 호주산 등 다양했다. 단지 항산화 작용으로 노화방지를 하는 비타민 E라는 것만 알 뿐이지만 그냥 따라 먹고 있다. 노화를 방지해주는 건 아직 모르겠다. 솔직히 말하면 훨씬 더 지나봐야 알지 않겠나. 운동을 하고 육식을 하며 남들과 같이 현대를 살아가면서 늙지 않을 수 없지만, 최대한 천천히 늙고 싶은 욕심이 크다보니 항산화에 관심이 생기지 않을 수 없다. 잘 자고 미네랄 섭취를 잘 하고, 뭐 많은 것들이 있겠지만 그중 쉽고 빠르게 실천할 수 있는 것으로 토코페롤 섭취를 결정…… 곧 어려보이겠지!

비타민 E는 쌀겨, 콩기름, 옥수수기름, 채소류와 녹황색 야채, 콩류, 소와 돼지의 간 등에 많이 함유되어 있는데, 난 그냥 시중에 나와 있는 비타민 E 제품을 먹고 있다. 그리고 그냥 믿고 있다. 30만 원짜리 에센스보다 이것이 나에게 더 나은 젊음을 가져다주리라는 것을. 내가 지금 보고 있는 지인들의 얼굴처럼.

아무리 좋은 거라도 과유불급, 복용법에 따라 약이 될 수도 독이 될 수도 있다. 무기질인 칼륨이나 칼슘을 함께 먹으면 효과가 떨어진다. 그리고 지용성인 비타민 E는 담즙산에 의해 흡수가 촉진되어 몸에 쌓이면 문제를 일으킬 수 있으니 꼭 하루 권장량에 맞게 먹는 센스가 필요!! 무엇보다 콩, 옥수수, 목화씨, 해바라기씨 등의 식물성기름과 씨눈이 들어 있는 식품과 녹색채소에 들어 있는 천연 그대로의 비타민 E를 섭취하는 것이 최고…… 독자 여러분들께 강추!

07

차와 다이어트
diet

물은 건강과 다이어트에 매우 중요한 요소인데, 결정적으로 맛이 없다. 매일 맛있는 음료를 찾지만 맛있는 음료는 건강과 피부에 독이다. 물은 마셔야 하고, 물과 친하지는 않고……. 이번에는 물과 친해지기 전에 서서히 물과 가까워지게 만드는, 다이어트에 도움이 되는 음료 이야기다.

| 녹차 |

위장이 약하면 양을 줄여 마셔야 한다. 산성물질인 녹차의 '타닌' 성분이 위장을 자극할 수 있기 때문. 위장이 매우 약한 나이지만 오히려 소식과 제대로 된 식사로 위장이 좋아지고 나니 전혀 문제되지 않았다. 하루 3~5잔 정도 마시는 편. 그러나 위궤양 같은 위장병이 있는 사람들은

의사선생님과 상의 후 마시는 게 좋고, 가급적 병이 낫고 건강해진 후 섭취를 고려하는 것이 좋겠다.

녹차는 찬 성질을 가지고 있어 몸의 열을 내리기 때문에 손발이 차고 추위를 잘 타는 소음인에게는 좋지 않다는 얘기를 들었다. 한의원 갈 때마다 모든 한의사들이 나보고 소음인이라고 해서 우습게도 어느 순간부터인가 녹차에 손이 안 가기 시작했다. 그렇지만 물마시기 싫을 때나 다른 차를 선택할 상황이 안 될 때는 깊게 생각하지 않고 항상 녹차를 선택하는 편이다. 너무 뜨거운 온도에서 오래 우리면 카페인 용출량이 많아지므로 70~80도에서 2~3분 정도 우리는 게 좋다.

평소 일할 때는 티백을 마시기도 하지만, 보통은 잎차를 우려서 먹는데 가루녹차를 통해 녹차잎까지 다 먹어야 효과가 더 크다(혹은 녹차를 이용한 음식). 변비에 효과를 보기 위해서도 티백이나 잎차보다는 '식이섬유질' 까지 섭취할 수 있는 가루가 좋다.

차에는 카테킨(EGCG)이라는 성분 때문에 쓴맛과 떫은맛이 있다. 차의 가장 큰 역할인 효능인 항산화, 항암작용, 세포 내 활성산소 감소 등이 바로 카테킨의 활약 때문이다. 그러니 차의 쓴맛과 떫은맛을 사랑하라! 녹차는 홍차나 우롱차에 비해 비타민과 카테킨 함량이 높다. 이렇다 보니 찬 성질이라고 하는데도 녹차를 마시게 되더라고. 차의 효능은 너무나 많지만 나에게 득이 되고 꼭 필요한 것으로만 생각하고 있다. 녹차가루, 꿀, 우유를 이용해 녹차라떼를 만들어 먹는 것도 좋은 방법이다.

차는 면역력을 높이며 카테킨의 살균효과 덕분에 감기와 충치에도 좋다. 지속적으로 마시면 피부 수분량도 높아져 노화된 피부세포를 새로운 세포로 대체시키며 피부세포를 증식시킨다.

| 커피 |

하루 한 잔 블랙이 내가 마시는 커피의 전부다. 커피에는 활성산소를 제거하여 노화를 방지하고, 질병을 예방하는 폴리페놀이 함유되어 있는데, 폴리페놀은 베리류(딸기, 블루베리, 블랙베리, 크랜베리, 라즈베리 등), 포도, 자몽, 오렌지, 감귤, 체리와 서양자두 등에 많이 들어 있다. 폴리페놀의 함량은 커피〉적포도주〉녹차〉홍차 순이다.

커피의 카페인은 각성효과가 있어서 하루 한 잔 정도의 블랙커피는 집중력을 높여준다. 또한 운동력 향상(운동지속시간 연장, 기초대사량 증가, 체지방분해 효과)에도 도움이 되는데, 다만 커피를 마신 후 4시간 안에 운동해야 지방분해 효과가 있다고 한다. 물론 블랙커피를 마시기만 한다고 살이 빠지는 건 아니다(식사량까지 줄어들면 몰라도). 난 운동 전, 보통 2시간 전쯤 마시는데 몸에 발라서 지방을 분해한다는 카페인 함유 슬리밍 제품은 사지 않아도 이런 것부터 실천한다.

난 커피를 즐기지 않는다(특히 커피믹스는 완전 싫어한다). 하지만 더운 여름 근처 커피빈에 들어가 에어컨 바람을 쐬며 아이스 바닐라라떼 한 잔 마시는 건 스트레스 해소에 아주 탁월했다. 다른 데서 파는 바닐라라떼는 안 마시는데, 바닐라시럽이 아닌 바닐라파우더가 들어간 라떼를 좋아해서 커피빈 것만 고집하는 편이다, 물론 생크림은 빼고. 커피맛도 모르고 그저 바닐라라떼만 먹었는데, 알고 보니 바닐라라떼는 거의 식사 한 끼 칼로리를 대신한다. 바닐라시럽 자체에 카라멜색소와 바닐라 향이 들어가 가급적 안 먹으려 하는데도 여름 되면 참기 힘들더라고. 커피빈 바닐라라떼가 특별히 맛있는 것도 바닐라파우더 때문이라 생각. 커피빈에서 파는 바닐라파우더 사다가 에스프레소 머신 있으면 집에서도 거의 똑같이 만들어 먹을 수 있지만 다양한 첨가물들이 들어간 파우더라 칼로리만 높이고 건강에 그리 유익한 게 아니라 먹으면서도 신경을 안 쓰려야 안 쓸 수 없었다. 살찔 걱정도 되고……(근데 이마저도 커피를 마실 때는 아예 가벼운 빵이나 케이크 한 조각과 함께 밥 대신 먹었다. 절대 간식으로 섭취하지 않았지).

다이어트에는 블랙커피를 마셔야 한다고 해서 하루 한 잔쯤 운동 전에 그냥 마셨는데 이것도 마시다보니 커피맛을 알겠고, 언젠가부터는 아메리카노를 찾게 되더라. 지금도 난 하루 세 잔까지 커피의 양을 조절(대략 4~5시간 정도 차이를 두고 마신다)하여 카페인 중독을 피한다. 커피는 과하면 득이 아니라 독이 된다. 블랙커피를 마시라는데 어차피 커피를 좋아하지 않던 나라 특별한 미팅이 이어지지 않는 한 하루 한 잔 넘게 마시는 일은 거의 없다.

커피는 공복에 마시는 것이 좋고, 취침 4~5시간 전에는 마시지 않는다. 언젠가 취침 3시간 전에 여덟 잔을 마신 적이 있는데 잠을 잘 잤다. 그래서 시간 따지지 않고 커피를 마셨는데, 전문가 얘기로는 잠을 잘 잤다고 생각해도 숙면에는 알게 모르게 방해받을 수 있다고 하여 가급적 늦은 시간 커피는 삼가는 편이다.

여성들이 기억해야 할 것 하나! 임신 초기 3개월 이내 커피는 저체중아 출산과 자연유산 확률이 높아진다.

커피머신이 없을 때는 일반적인 사이즈의 머그컵에 인스턴트커피를 커피숟갈 한 개 반 정도 넣고 휘휘 저어 토스트나 케이크류 먹을 때 같이 마시면 너무 맛있더라고. 특히 느끼한 치즈케이크 먹을 때 아메리카노를 같이 마시는 편이다.

소화와 위장, 피부를 위한 매실 100퍼센트 활용하기
diet

매년 엄마와 아빠는 엄청난 양의 매실을 일일이 손질해 엑기스를 만들고 장아찌를 담근다. 매실은 씨까지 잘 말려 사용할 수 있다. 우리집은 술 마시는 사람이 없어서 매실주는 안 만든다. 매실과 설탕을 적정량 켜켜이 쌓아 숙성이 되면 매실 과육만 따로 걸러 고추장 양념에 버무리는네 이 장아찌는 아빠가 가장 좋아하는 반찬이 된다. 나는 그 맛을 싫어해서 남은 과육을 그냥 엑기스에 담궈 하루 6~10알 정도 먹는다.

매실은 소화에 좋고 장 건강과 변비에 좋고, 항산화효과는 물론 골밀도까지 높이며 심지어 암예방에도 좋다고! 그러나 뭐니뭐니해도 구연산! 박카스는 따라오지 못할 구연산 함유로 피로회복에 최고!

설탕을 엄청 넣어 만들지만 다 발효되면 매일 먹어도 설탕으로 인한 문제는 전혀 없다고 한다! 새콤달콤한 맛 때문에 난 군것질 생각날 때마

다 냉장고로 달려가 매실을 먹는다. 몸에도 좋고 단맛에 대한 욕구도 채우고 살찔 염려도 없고.^^ 소화가 안 되거나 속 쓰릴 때도 먹고, 엑기스는 요리할 때 조금씩 쓰기도 한다.

다이어트를 하다보면 단 게 참 먹고 싶어진다. 식사량이 줄면 식사 시간 사이에 간식 생각이 부쩍 나면서 케이크 같은 것들도 먹고 싶고, 달콤한 주스 등도 생각난다. 그럴 때 매실엑기스를 물에 희석시켜 먹으면 다이어트 중 힘 빠지고 피로한 몸에 기운도 나고 새콤달콤한 맛이 간식 생각을 없애주어서 좋다. 물론 수시로 마시는 건 아니고 하루 한 잔 정도. 저녁 먹었는데 늦은 시간 야식 생각날 때, 달콤한 거 한 입이 식탐을 가라앉히는 데 도움이 된다. 그때 매실주스 한 잔 하면 참을 수 있는 힘이 생긴다.

다이어트를 하지 않는 요즘도 매실엑기스는 챙겨먹는데 생과일주스로 갈아먹을 거 아니면 합성착향료 잔뜩 들어간 시중의 주스들보다 매실엑기스를 즐긴다.

09

스트레스도 풀고 몸도 푸는 목어깨 마사지
diet

나는 목어깨 마사지를 좋아한다. 정확히 말하면 좋아할 수밖에 없게 되었다. 목과 어깨가 불편하다고 처음 느낀 건 고3 때였는데, 정형외과다 한의원이다 병원을 드나들며 성적과는 반비례한 생활을 했다. 그런데 그 시절이 지나고 나서는 이렇다 할 통증 같은 것을 못 느끼며 살았다. 니나노 자유로운 삶, 학교에도 일터에도 얽매이지 않는 제멋대로의 생활을 해서 그런지 언제 그렇게 침을 맞고 호들갑을 떨었나 싶을 정도로 멀쩡하더라.

한참 후 복학을 앞두고 규칙적으로 공부를 하면서, 또 그와 겹쳐 다이어트를 하면서 목어깨 통증을 다시 경험하게 되었다. 결린다고 표현해야 하나? 공부만을 핑계 대기에는 양심의 가책이 느껴지는 잦은 컴퓨터 사용 등이 통증을 더 불러일으키는 게 아닌가 하는 의심을 하고 있을 때였다. 그러던 어느 날, 긴장된 목근육이 얼굴근육을 자꾸만 아래쪽으로 끌어내리려고 하기 때문에 피부가 쉽게 처질 수 있다는 의사선생님의 말을 듣고 목어깨 관리에 급 관심을 가지게 되었다. 목어깨 관리 잘 하는 곳 좀 알려달라니까 "난 의사라서 그런 건 잘 모른다"시며 넌지시 던진 말에 완전 꽂힌 나는 지인들과 얘기를 나누던 중 얼굴과 목, 어깨로 이어지는 흐름의 밸런스가 깨지면 트러블이 더욱 잦아질 수 있다는 말에 통증을 방치하기보다 치료와 관리하기에 이른 것이다.

다이어트를 하다보면 안 하던 식이요법, 잘못된 운동법에서 비롯된 목어깨 통증이 동반되기도 한다. 거기에 업무로 인한 스트레스가 더해지면 목근육은 늘 긴장상태를 유지하게 되는데, 이미 거북목이 되어버린 경우는 물론 그렇지 않은 사람들도, 적어도 여자라면 목어깨 라인에 신경을 써야 한다.

그런데 난 정말 라인이 예뻐지고 싶어서가 아니라 트러블 때문에 더 관심을 가진 것이다. 다이어트를 하면서 주변 사람들이 놀랄 정도로 식습관을 고쳤음에도 완벽하게 사라졌던 여드름이 운동을 멈추자 다시 시작되었다. 그러나 스케줄을 핑계로 운동은 못하겠고, 업무량은 날로 늘어가면서 평생 경험하지 못한 스트레스를 겪게 되었다. 스트레스는 그저 무식하게 일만 하는 사람들이나 겪는, 한량 같은 인생을 살고자 하는 나에겐 해당사항 없는 것으로만 알았지 스트레스가 나를 그토록 괴롭힐 줄은 상상도 못했다. 늘 유쾌했던 나는 스트레스 푸는 법을 몰랐다. 가르쳐준 사람도 없고, 술을 끊으며 클럽도 끊고 춤도 끊고 뭐 사람들이 쉽게 떠올릴 만한 스트레스 푸는 행동은 전혀 하는 바가 없으니 그냥 그렇게 곪아가는 상태였다. 지인들과의 수다 정도가 생활의 큰 활력소였는데 그나마 업무량이 폭발하면 세상에는 일과 나, 이렇게 둘뿐이었다.

스트레스는 다이어트를 성공한 뒤 요요현상을 겪었을 때 엄청났고, 그 후 직장생활을 하면서 또 최고조에 다다랐다. 밤낮으로 샴푸를 해도 두피는 항상 개기름으로 끈적거리고, 얼굴피부는 세수하고 돌아서 5분이면 아주 불쾌한 끈적거림이 느껴질 정도의 유분으로 뒤덮혀 아무것도 바를 수 없는 지경에 이르렀다. 그리고 단순히 '뒤집어졌다'라고 표현하기에는 너무 장기적으로 이어지는 여드름이 얼굴을 다시 한 번 뒤덮었다.

난데없이 '스트레스 푸는 법', '스트레스 관리', '스트레스 해소' 따위의 검색어로 인터넷을 탈탈 턴 결과 "가장 건전하고 가장 좋은 스트레스 해소법은 운동"이라는 게 결론이었다. 그래서 지금은 아무리 바빠도 운동을 하려고 한다. 아주 어렵게 어렵게 운동을 다시 시작했는데 확실히 스트레스 해소는 되더라고. 그런데 스트레스가 운동만으로는 해결 안 될 정도로 너무 커서 목과 어깨가 긴장된다고 느껴질 때는 항상 심호흡을 하고 즉시 풀어준다. 가볍게 주물러주고 목에 무리가 가지 않도록 작은 범위에서 목을 돌린다.

운동을 시작할 때도 항상 가볍게 스트레칭하여 목을 풀고 임하는 것은 물론, 업무 중간중간에도 수시로 목어깨를 풀어주고 보다 안정된 바른 자세를 유지하려고 애를 쓴다.

다이어트를 하다보면 피부가 쉽게 거칠어지는 것을 느끼는데, 그럴 때는 피부과나 피부마사지샵을 보다 자주 찾게 되고 피부에 투자를 하려고 한다. 대부분 얼굴 관리에만 집중하는데 얼굴을 관리할 때는 목어깨를 같이 관리해주는 것이 좋다. 뭉친 근육이 풀리고 신체흐름이 좋아지면서 관리 효과가 배가된다. 실제로 그렇게 해주는 관리실이 있는 반면 그런 것을 무시하는 피부마사지샵도 많다.

나의 경우 얼굴관리를 별로 안 좋아하고 전신관리를 즐기는 편이라 전신관리를 받으면서 항상 목어깨를 집중적으로 해달라고 얘기한다. 꾸준히 근육과 경락을 자극하며 관리받은 결과 스스로 느낄 정도로 몸의 긴장이 완화되고 급격히 악화되었던 여드름도 상당히 진정되었다. 국가고시 준비나 회사생활 하면서 생기는 성인여드름으로 고생하는 사람들이 많은데 난 눈물겨운 음식조절 이후에도 직장생활 하면서 재발을 경험했다. 스트레스로 인해 발생하는 여드름은 이전에 겪던 것과는 완전히 다른, 정말 손도 대기 힘든 형태의 것들이었다. 살찐 몸으로 인해 스트레스를 받고 있다면, 또 그 어떤 이유 때문에라도 스트레스 속에 살고 있다면 운동과 함께 밸런스를 빠르게 회복해야 한다. 건전한 스트레스 해소법만이 삶의 질을 높일 수 있다고 강조한다.

꼭 마사지샵을 가야 하는 건 아니다. 수기관리가 좋은 사람들은 마사지샵을 찾아도 되지만, 주머니 사정이 좋지 않거나, 수기관리가 체질에 맞지 않는 사람들은 정형외과를 찾는 것도 좋다. 나도 지인들의 추천으로 정형외과를 다녀봤는데 어디 부러졌을 때 물리치료만 하는 줄 알았더니 결린 목과 어깨 통증까지 아주 시원하게 풀어주고 온갖 장비들이 마사지 못지않게 잘 관리를 해주더라. 물론 가격은 내가 다니던 마사지 샵에 비교하면 거의 10분의 1 정도. 관리방식은 본인 선택이지만 좋든 싫든 현대를 살아갈 수밖에 없는 상황에서는 자신만의 스트레스 해소법들을 수집해야 한다는 생각이다. 굳어버린 몸과 마음을 즉각적으로 풀어줄 수 있는 각자의 방법들을 찾아 보다 건강하게 즐겁게 알아서들 잘 살되, 건전한 운동을 시작으로 목어깨 관리에 신경 쓰면 반드시 기대 이상으로 긍정적인 경험을 하게 될 것이다.

10

건강하고 행복한 다이어트, 자연 속으로 떠나라

diet

나에게 다이어트는 몸무게를 줄이고 보다 날씬해지는 것 그 이상이다. 아무 생각 없이 남들이 살을 빼니까 나도 빼야 할 것 같은 위기감으로 시작했을 때는 정해진 숫자에 내 몸무게를 껴맞추고 싶었지만 지금은 조금도 그런 생각이 없다. 나는 누구보다 건강해지고 싶고, 통증 하나 없이 젊게 늙어가고 싶다. 몸무게는 어떠해도 좋고, 그저 내가 입고 싶은 옷들을 살 때 입어서 가장 예쁜 사이즈를 살 수 있는 몸이고 싶을 뿐이다. 날씬함으로 누군가의 부러움을 사고 싶지도 않고 오히려 스트레스 없이 건강하고 행복한 삶으로 부러움의 눈초리를 받고 싶다. 아무런 문제도 괴로움도 없는 완전체인 척 굴고 싶지도 않아 언제나 지인들에게 '호흡곤란'을 떠벌리고는 정신 차렸을 때 난 언제나 강원도였다.

강원도를 정말 너무너무 좋아한다. 강원도 산속에 콕 박혀 있는 토종

재래식 찜질방도 좋아하고, 젊은 피를 수혈받는 것 같은 삼림욕도 너무 좋다. 피톤치드가 어쩌고, 천연살균제가 뭐 어쩌고 이런 기사들로 인해 요즘은 숲에서 아토피 어린이 환자들을 쉽게 만날 수 있다. 꾸준한 삼림욕으로 아토피를 고쳤는데 재발할까 두려워 여전히 숲으로 놀러온다는 사람들부터 혈압환자, 태교 중인 임산부 등도 많았다.

만나면 커피 마시는 것밖에 할 것 없는 친구들 데리고, 극장 아니면 갈 데 없는 남자친구 꼬셔서 숲으로 가보자. 출발할 때부터 스트레스는 이미 풀리기 시작하고 삼림욕 후 집으로 돌아올 때쯤이면 말랑말랑해진 나를 만날 수 있다. 나는 두어 시간 정도 차로 내달리는 것에 대한 부담이 없어 강원도 행을 즐기지만, 멀리 나가는 게 부담스러운 사람들은 가까운 서울숲도 괜찮고(지극히 서울사람 기준) 어디라도 가장 가까운 숲을 찾아 나서면 되지 않을까?

다이어트를 하게 되면 친구들과의 만남을 피하기 때문에 시간이 남는다. 시간이 남는다는 것은 힘들고 지치고 자꾸만 딴생각을 하게 한다. 연애를 하면 매우 좋겠지만 그 또한 다이어트에는 엄청 방해가 되는 것이고, 그럴 때는 '배움' 만한 게 없다. 배움 중에서도 가급적 자연에 가까운 곳에서 하게 되고, 건강하고 새롭고 혼자 할 수 있으며(둘이 하면 더 좋지만) 동물과 교감하면서 정신건강에도 도움이 되는 '승마'를 권한다.

여자 연예인들 사이에서는 사극에 출연한 스타들을 중심으로 입소문이 나면서 승마 열풍이 불고 있다. 승마는 말 위에 가만히 앉아서 가는 것 같아도 엉덩이를 붙이고 타는 것이 아니라 위아래로 반동이 일다보니 장운동이 활발해서 변비를 해소했다는 얘기도 심심찮게 듣는다. 열량소비가 높고 자세가 교정되며 허리가 유연해짐과 동시에 허리 뒤쪽 라인이 예쁘게 잡힌다.

휘트니스센터 같은 실내에서 하는 운동에 답답함을 느끼는 사람이라면 승마만한 게 없다. 골프 같은 경우 필드에 나간다 하더라도 연습장은 실내지만 승마는 항상 야외에서 행해지는 것이고 말이 놀기 좋은 환경이다 보니 사람에게도 친환경적인 공간일 수밖에 없다. 다이어트를 위한 운동에는 누구나 체지방 감소를 목표로 삼는데 승마를 하면 체지방 개선에도 좋고 근육이 발달해 균형 잡힌 몸매를 만들어준다. 무조건적인 체중 감소보다 군살을 빼면서 즐겁게 몸매를 가꾸고 싶다면 승마를 추천한다.

고급스포츠라는 인식 때문에 잘 알아보지도 않은 채 금전적 부담부터 느끼는 사람들이 있는데 가까운 서울숲의 경우, 1시간에 8만 원 정도면 강습을 받을 수 있다. 고작 1시간이라고 되묻을 수 있겠으나 1시간이 결코 짧지 않음은 해보면 알게 된다. 서울숲도 좋지만 난 사람 많은 게 싫고 더 자연 속에서 즐기고자 하는 욕심이 있어 문경새재에 있는 문경호스랜드에 가는 편이다. 아주 세련된 승마클럽을 생각하면 오산이고, 산속 양지 바른 곳에 만들어진 내추럴한(?) 승마장에서 조용히 배울 수 있는 곳이다. 사극촬영 시 말을 대여하는 곳이고 많은 연예인들이 작품 때문에 이곳에서 배우다보니 여기 가면 '감우성말', '조인성말'도 만날 수 있다. 가격은 서울의 반값 정도? 오가는 기름값이 추가되면 저렴한 것도 아니지만 실력이 늘수록 힘이 덜 들어 2시간도 더 탈 수 있다 보니 여유롭게 즐길 수 있다는 장점이 있다. 단, 말 위에 올라타면 밑에서 보는 것 이상으로 생각보다 높다. 동물을 매우 무서워하거나 여러 가지 공포증이 우려되는 사람은 깊이 생각해봐야 한다.

Epilogue

지금 내 기준에서는 자유롭게 먹고 즐기는 거지만 독자의 기준으로는 엄청난 다이어트 중인 것일지도 모른다. 평소 과거의 식습관으로 돌아가는 건 없다. 앞에서 얘기한 모든 과정이 끝나면 진정 음식을 즐기면서도 살찌지 않는 시간과 만나는 거다.

나에게도 아직 다이어트 숙제는 남아 있다. 요즘 몸무게는 49~51킬로그램을 왔다갔다하는데 몸무게에 비해 지방이 많고 근육량이 크게 모자라다보니 살이 단단하지가 않고 몸무게에 비해 더 나가 보인다. 살이 더 찌거나 그런 건 없지만 한 살이라도 더 먹기 전에, 결혼과 임신 전에 충분한 근육을 만들기 위해 근력운동을 열심히 하고 있다. 다이어트 중반까지는 상하체 불균형이 심했었다. 허리는 24를 입는데 허벅지 때문에 25를 입어야 하는 현실. 그러니 옷들이 허리는 크지만 허벅지는 낀다. 이런 체형 때문에 국산바지는 아예 상상할 수 없고 미국브랜드들이 입었을 때 편안하다. 인터넷 쇼핑몰에선 절대 바지를 구매할 수 없는 이 슬픔. 바지만큼은 무조건 입어보고 사야 한다는 것이 참 귀찮다.

허벅지 때문에 미니 지방흡입도 고민해 봤고, 경락, 뼈교정 다 알아보고, 지방흡입만 빼고 좋다는 마사지류는 다 받아봤지만, 효과다운 효과를 본 건 필라테스가 유일하다. 시술이나 수술이 아닌 운동요법이라 효과가 매우 더디지만 계속해서 변화가 느껴진다는 것만으로도 확신이 섰다. 그리고 더더욱 시간이 걸리더라도 수술이나 시술이 아닌 운동을 통해서 몸매를 바로잡겠다는 마음이 생겼다. 체형의 문제는 잘못된 습관에서 비롯된다고 믿고 있다. 내가 어릴 때 어떤 자세로 주로 앉아 있었는지 기억도 확실하지만, 단 몇 장의 어릴 적 사진만으로도 증거는 확보했으니까. 단순히 좋은 몸매가 아니라 날씬한 몸무게가 아니라, 운동을 통해 노력으로 오랜 시간 걸쳐 잘못 형성된 자세와 체형문제를 해결하고자 하는 마음이 크다. 운동으로 반드시, 44사이즈 55사이즈가 아니라 상하체 불균형까지 완벽히 해결하고야 말겠다.

몸무게의 최종 목표는 49킬로그램! 평소 먹는 것을 아주 조금만 신경 쓰면 금세 49킬로그램이 되지만 먹는 즐거움이라는 최소한의 심리적 만족은 절대절대 포기할 수 없기에 닥치는 대로 즐기다 보면 50~51킬로그램이 된다. 정말 먹고 싶은 거 다 먹어도 이 이상 찌지는 않더라. 그러나 사람 심리가, 특히 여자 심리가 그래도 40킬로그램대 몸무게이고 싶은 소망. 그래서 목표를 49킬로그램으로 정했다. 그러나 당장 내일모레면 만들 수 있는 근육 부족의 49킬로그램은 아무런 의미가 없다. 건강하게 먹으면서, 운동을 즐기며 건강한 라이프스타일을 통해 만들어지는 근육질의 탄탄한 49킬로그램을 원하는 거다.

요요는 없지만, 과거에 비해 내 삶에서 사회생활의 비중을 늘리면서 틀어진 것들이 많다. 잘 지켜오던 작은 습관들이 흔들리기도 하고 항상 초심으로 돌아가고자 노력하는데, 실제로 책을 쓰면서 더 좋아졌다.

아직 나도 진행 중, 건강의 완성을 위해 진행 중이다. 시술이나 수술을 하지 않는 것도 스스로의 힘으로 더 만족할 만한 결과를 거둔 뒤, 그러고도 안 되는 것들에 대해 정말 불가능하다고 생각될 때 필요한 의학의 힘을 빌리고 싶어서다.

내가 건강한 다이어트를 통해 얻은 건강과 외모개선, 자신감은 안타깝게도 사회적 스트레스가 없다는 전제하에 유지가 가능해진다. 스트레스는 정말 모든 것을 초토화시키니까! 정말 모든 노력과 좋은 것들을 무기력하게 만드는 핵 같은 존재다. 무엇을 먹고 어떻게 하느냐보다 중요한 건 스트레스 해소, 스트레스가 가장 치명적이라고 생각한다. 내가 혼자 떠드는 소리가 아니고 의학적으로 증명된 것이다. 스트레스를 그저 만병의 근원이라는 표현 정도로 치부해버리고 아직도 굉장히 우습게 여기는 사람들이 많다.

대학병원에서 암환자들을 진료하는 의사선생님으로부터 들은 이야기인데, 환자들의 마음에 들이닥친 억울함, 서운함, 분노의 감정들은 치료를 어렵게 하는 것은 물론 치료약에 대한 부작용까지 일으킨다고 한다.

불친절하고 무례한 간호사로부터 받은 정신적 스트레스가 폭발해버린 한 환자는 혈관까지 다 숨어버려서 주사도 못 맞는 상태가 되어 해당 간호사가 싹싹 빌면서 마음을 풀어줬다는 일화도 들려주었다. 심지어 암 환자 중엔 스트레스로 더 이상 어떤 치료도 불가능해 집으로 돌아간 경우도 있단다.

내가 스트레스를 의식하기 시작한 건 목표 몸무게를 달성하고 여드름이 완전히 개선되고 난 몇 년 후였다. 다이어트를 통해 지옥 같았던 정신상태, 음식으로 인해 겪었던 말할 수 없는 스트레스로부터 완전 탈피했고, 해결점을 찾지 못해 방황하던 여드름도 완전히 끝장을 보았기에 다이어트야말로 스트레스 없는 삶의 시작이자 끝이라 생각했다. 그러나 본격적인 사회생활을 시작하면서 평생 동안 가장 큰 스트레스들을 경험하다 보니 또 다른 문제에 직면하게 되었다. 좁쌀여드름만 여드름인 줄 알았지 화농성여드름 같은 건 생전에 본 적도 없었는데 얼굴과 가슴, 등을 덮은 여드름은 작년까지도 수시로 뒤집어지곤 했다. 이럴 때는 피부과의 레이저치료나 한의원의 약과 침도 아무 효과가 없다. 이러한 과정에서 스트레스의 무서움을 인식하게 되었고, 이제 나의 식이요법과 운동은 다이어트를 넘어 스트레스 해소에 초점을 맞춰 진행되고 있다. 스트레스 없는 경지에 도달하는 것, 스트레스를 아주 쉽게 해소하는 것이야말로 현재 나의 새로운 목표다.

운동을 열심히 해도 스트레스를 제어하지 못하면 피부트러블을 잡을 수 없다. 사춘기 여드름이 성호르몬의 문제라면 성인여드름은 스트레스

호르몬(코티솔)의 영향이 크다. 스트레스(수면박탈 상태)를 잡지 못하면 여드름은 절대 잡히지 않는다. 여드름이 없어도 스트레스가 과하면 피지분비량이 늘고, 여드름이 있는 경우는 여드름이 늘거나 없다가도 생겨난다. 뿐만 아니라 모발로 영양분이 가는 것도 방해해 탈모까지 유발한다는 것. 잘못된 다이어트만큼이나 여성탈모에 직접적인 영향을 끼친다. 스트레스와 피지분비량의 상관관계를 깨닫고, 급격한 스트레스 상태에서의 비정상적인 피지분비량을 겨우 이해하게 되었다.

고된 노력 끝에 이제는 어느 정도 피부가 뒤집어지지 않을 만큼 케어하는 노하우도 생겼고, 옷 입는 데 큰 제한을 받지 않을 정도로 몸매도 유지하고 있지만 지금도 먹는 것, 운동, 스트레스 조절까지 늘 신경 쓰고 노력하는 건, 나의 스무 살은 또래보다 피부가 뛰어나지도 몸매가 날씬하지도 않았지만 서른 살엔 또래 정도의 평균적 피부와 몸매를 유지하고, 나의 마흔 살, 쉰 살에는 또래에 비해 훨씬 건강하고 젊은 몸과 피부를 유지하기 위함이다.

마흔 일곱 되면 또래보다 다섯 살은 젊어보이고, 쉰 살이 넘어서면 열 살은 젊어보이며, 일흔 살이 되면 스무 살은 젊어보이고 싶은 욕심, 그것은 있다.

보통 서른 살이 넘어서면서부터 건강하던 사람들도 약과 병원을 찾기 시작한다. 난 약과 병원을 끊고 편하게 사는 것이 소박한 목표다. 그리고 그냥 아줌마, 할머니가 되어서도 입고 싶은 옷 입는 데 몸매가 방해되지 않는 정도면 행복할 것 같다.

디스 이즈 다이어트 THIS IS DIET

초판 1쇄 펴낸날 2013년 01월 07일   **2쇄 펴낸날** 2013년 3월 11일

지은이 유화이

펴낸이 김현중
출판실장 옥두석 | **책임편집** 이선미 | **디자인** 권수진 | **관리** 위영희

펴낸곳 (주)양문 | **주소** (132-728) 서울시 도봉구 창동 338 신원리베르텔 902
전화 02.742-2563~2565 | **팩스** 02.742-2566 | **이메일** ymbook@empas.com
출판등록 1996년 8월 17일(제1-1975호)

ISBN 978-89-94025-22-3 13590   잘못된 책은 교환해 드립니다.